高等职业教育系列教材

电子产品装配与调试
——基于 STEM 理念的电子实训

主　编　周　坚　周晨栋
副主编　姚坤福　杨志新　沈宇亮

机械工业出版社

本书以项目为单元,以工作任务为引领,以操作技能为主线,以STEM为组织模式,将理论知识与技能训练结合,着重培养综合能力。通过操作练习帮助读者理解电路功能,实现对电子产品装配与调试知识、技能的全面掌握。

本书项目选用经典电路或者参考真实产品开发,各项目均由编者完成电路选择或设计、PCB设计、电路安装与调试、整机装配等工作;全书图文并茂、直观形象。同时提供项目引入、电路调试、重点知识等信息化资源,探索信息技术条件下教学模式和教学方法改革。

本书可作为高等职业院校、中等职业学校的电子、机电及相关专业的教材,也可以作为电子产品生产、调试、维修等岗位的培训教材,还可供电子爱好者及有关工程技术人员参考。

本书配有微课视频,扫描二维码即可观看。另外,本书配有电子课件和PCB生产文件,需要的教师可登录机械工业出版社教育服务网(www.cmpedu.com)免费注册,审核通过后下载,或联系编辑索取(微信:13261377872,电话:010-88379739)。

图书在版编目（CIP）数据

电子产品装配与调试：基于STEM理念的电子实训/周坚,周晨栋主编. —北京：机械工业出版社,2023.7
高等职业教育系列教材
ISBN 978-7-111-72475-9

Ⅰ. ①电… Ⅱ. ①周… ②周… Ⅲ. ①电子设备-装配（机械）-高等职业教育-教材②电子设备-调试方法-高等职业教育-教材 Ⅳ. ①TN805

中国国家版本馆CIP数据核字（2023）第075135号

机械工业出版社（北京市百万庄大街22号　邮政编码100037）
策划编辑：李文轶　　　　　责任编辑：李文轶　韩　静
责任校对：梁　园　解　芳　责任印制：常天培
固安县铭成印刷有限公司印刷
2023年8月第1版第1次印刷
184mm×260mm・18.25印张・476千字
标准书号：ISBN 978-7-111-72475-9
定价：69.00元

电话服务　　　　　　　　　网络服务
客服电话：010-88361066　　机　工　官　网：www.cmpbook.com
　　　　　010-88379833　　机　工　官　博：weibo.com/cmp1952
　　　　　010-68326294　　金　书　网：www.golden-book.com
封底无防伪标均为盗版　机工教育服务网：www.cmpedu.com

Preface 前 言

党的二十大报告指出：教育、科技、人才是全面建设社会主义现代化国家的基础性、战略性支撑。必须坚持科技是第一生产力、人才是第一资源、创新是第一动力，深入实施科教兴国战略、人才强国战略、创新驱动发展战略，开辟发展新领域新赛道，不断塑造发展新动能新优势。

我国正进行制造业的转型升级。转型升级关键在人才，承担着应用型人才培养重要任务的职业教育受到越来越多的关注。职业教育强调建立真实应用驱动教学改革机制，按照企业真实的技术和装备水平设计理论、技术和实训课程，通过真实案例、真实项目激发学习者的学习兴趣、探究兴趣和职业兴趣。

STEM 是一种由科学（Science）、技术（Technology）、工程（Engineering）和数学（Mathematics）四门学科知识融合而成的教育模式，世界各国以及国内都非常重视 STEM 教育的发展，认为 STEM 教育是国家竞争力的重要基石，能够促进综合应用型人才、创新型人才的培养。为了满足社会及教学的需求，编者在 STEM 教育理念指导下开发了电子产品装配与调试课程，推进跨学科知识融合，有效促进创新型人才的成长。

本书特点如下：

1）项目中含有 25 个综合实训项目，以学生进入工作岗位后的工作要求为目标设计项目，学习内容不仅包括电路安装与调试，还结合整机装配过程阐述机械识图、紧固件、连接件、防水连接件等知识。

2）本书的综合训练项目来源于真实的产品，对企业产品进行二次开发，保留其功能，改变其实现方法，使其承载的知识适用于教学。

3）采用"做中学"模式，将理论知识与技能训练结合，在动手做的过程中掌握专业知识和专业技能。

4）所有项目由作者参考真实产品自行设计或者选用经典电路，所有电路均根据教学要求由作者绘制 PCB 并制作验证。

5）所选项目体现新知识、新技术、新工艺和新方法，部分项目同时提供直插版本及贴片版本，内容包括 SMT 技术、单片机技术等，力求反映相关领域的最新发展。

6）充分发挥信息技术优势，提供情景导入、电路调试等数字化资源，探索信息技术条件下教学模式和教学方法改革。

本书以项目为单位组织教学，共选择 25 个项目，分成 5 个模块。建议教学学时为 140，分 5 个学期实施，每学期 1 周（28 学时）。教学时可结合具体专业实际，对教学内容和教学时数进行适当调整。

本书是机械工业出版社组织出版的"高等职业教育系列教材"之一，周坚、周晨栋任主编，姚坤福、杨志新、沈宇亮任副主编，参加编写的人员还包括江苏省职业教育周坚电子名师工作室成员华颖、史方平、张庆明、狄甜甜、朱俊梅、强艳、李花等。

编者

目 录 Contents

前言

项目1　声控旋律灯的装配与调试 …………………………………………… 1

[项目引入] …………………………………… 1
[项目学习] …………………………………… 1
1.1　基础知识 ……………………………… 1
　1.1.1　识读色环电阻 …………………… 1
　1.1.2　认识驻极体传声器 ……………… 2
　1.1.3　认识晶体管 ……………………… 3
　1.1.4　认识发光二极管 ………………… 3
1.2　原理分析 ……………………………… 3
[项目实施] …………………………………… 4
1.3　元器件清单 …………………………… 4
1.4　印制电路板识读 ……………………… 6
1.5　电路安装 ……………………………… 6
1.6　电路调试 ……………………………… 8
[项目拓展]　认识各色LED ………………… 9
[项目评价] …………………………………… 10

项目2　电子幸运转盘的装配与调试 ……………………………………… 11

[项目引入] …………………………………… 11
[项目学习] …………………………………… 11
2.1　基础知识 ……………………………… 11
　2.1.1　认识NE555集成电路 …………… 11
　2.1.2　认识CD4017集成电路 ………… 12
　2.1.3　认识拨动开关 …………………… 13
　2.1.4　认识RC充放电电路 …………… 14
2.2　原理分析 ……………………………… 15
　2.2.1　供电电路 ………………………… 15
　2.2.2　频率可调振荡电路 ……………… 15
　2.2.3　延时振荡控制电路 ……………… 15
　2.2.4　十进制计数器电路 ……………… 18
2.3　关联知识 ……………………………… 18
　2.3.1　认识面板的设计图 ……………… 18
　2.3.2　认识自攻螺钉 …………………… 20
　2.3.3　认识热缩管 ……………………… 20
[项目实施] …………………………………… 20
2.4　元器件清单 …………………………… 20
2.5　印制电路板识读 ……………………… 22
2.6　电路安装 ……………………………… 23
2.7　电路调试 ……………………………… 24
2.8　整机装配 ……………………………… 25
[项目拓展]　探究"随机" ………………… 27
[项目评价] …………………………………… 27

项目3　呼吸灯的装配与调试 ……………………………………………… 28

[项目引入] …………………………………… 28
[项目学习] …………………………………… 28
3.1　基础知识 ……………………………… 28
　3.1.1　认识LM358集成电路 …………… 28
　3.1.2　认识RM065电位器 …………… 29
　3.1.3　认识JK128接线端子 …………… 29
3.2　原理分析 ……………………………… 30
　3.2.1　电路分析 ………………………… 30
　3.2.2　LED渐亮渐灭的原理 …………… 30

3.2.3　周期信号 ………………………… 31
[项目实施] ……………………………… 31
3.3　元器件清单 ………………………… 31
3.4　印制电路板识读 …………………… 32
3.5　电路安装 …………………………… 33
3.6　电路调试 …………………………… 34
[项目拓展]　探究 LED 混色使用 …… 35
[项目评价] ……………………………… 35

项目 4　电子大风车的安装与调试 …………………………………………… 36

[项目引入] ……………………………… 36
[项目学习] ……………………………… 36
4.1　基础知识 …………………………… 36
　　4.1.1　认识轻触开关 ………………… 36
　　4.1.2　认识 STC15W408AS 芯片 …… 36
　　4.1.3　认识多彩 LED ………………… 37
4.2　原理分析 …………………………… 37
　　4.2.1　单片机电路 …………………… 39
　　4.2.2　按键电路 ……………………… 39
　　4.2.3　LED 显示电路 ………………… 39
4.3　关联知识 …………………………… 39
　　4.3.1　认识电子大风车面板 ………… 39
　　4.3.2　认识圆孔支柱垫圈 …………… 41
[项目实施] ……………………………… 41
4.4　元器件清单 ………………………… 41
4.5　印制电路板识读 …………………… 42
4.6　电路安装 …………………………… 42
4.7　电路调试 …………………………… 44
[项目拓展]　探究运行模式 …………… 45
[项目评价] ……………………………… 45

项目 5　学生电源的安装与调试 ……………………………………………… 46

[项目引入] ……………………………… 46
[项目学习] ……………………………… 46
5.1　基础知识 …………………………… 46
　　5.1.1　认识 LM317 集成电路 ………… 46
　　5.1.2　认识变压器 …………………… 47
5.2　原理分析 …………………………… 48
　　5.2.1　电源电路分析 ………………… 48
　　5.2.2　电压测量电路分析 …………… 49
5.3　关联知识 …………………………… 50
　　5.3.1　面板机械图识读 ……………… 50
　　5.3.2　认识防水等级 ………………… 51
　　5.3.3　认识防水接头 ………………… 52
　　5.3.4　认识散热器 …………………… 52
[项目实施] ……………………………… 53
5.4　元器件清单 ………………………… 53
5.5　印制电路板识读 …………………… 55
5.6　电路安装 …………………………… 56
5.7　电路调试 …………………………… 59
[项目拓展]　探究增大输出电流 ……… 59
[项目评价] ……………………………… 60

项目 6　整流滤波电路的安装与调试 ………………………………………… 61

[项目引入] ……………………………… 61
[项目学习] ……………………………… 61
6.1　基础知识 …………………………… 61
　　6.1.1　晶体二极管整流电路 ………… 61
　　6.1.2　滤波电路 ……………………… 64
6.2　原理分析 …………………………… 65
　　6.2.1　整流电路 ……………………… 65
　　6.2.2　可变滤波、负载电路 ………… 66
　　6.2.3　三端稳压电路 ………………… 66
　　6.2.4　晶体管稳压电路 ……………… 67
[项目实施] ……………………………… 67
6.3　元器件清单 ………………………… 67

6.4　印制电路板识读 …………………… 68
6.5　电路安装 …………………………… 69
6.6　电路调试 …………………………… 69
[项目拓展]　探究供电异常情况 ……… 73
[项目评价] ……………………………… 73

项目 7　OTL 功放的安装与调试 …………………………………………… 74

[项目引入] ……………………………… 74
[项目学习] ……………………………… 74
7.1　基础知识 …………………………… 74
7.2　原理分析 …………………………… 75
[项目实施] ……………………………… 75
7.3　元器件清单 ………………………… 75
7.4　印制电路板识读 …………………… 76
7.5　电路安装 …………………………… 77
7.6　电路调试 …………………………… 78
[项目拓展]　探究中点电压 ……………… 79
[项目评价] ……………………………… 79

项目 8　声控楼道灯的安装与调试 ………………………………………… 81

[项目引入] ……………………………… 81
[项目学习] ……………………………… 81
8.1　基础知识 …………………………… 81
　8.1.1　认识单向晶闸管 ………………… 81
　8.1.2　认识熔丝 ………………………… 82
　8.1.3　晶体管放大电路 ………………… 82
　8.1.4　与非门电路 ……………………… 83
8.2　原理分析 …………………………… 83
　8.2.1　声音检测电路 …………………… 85
　8.2.2　光控及延时控制电路 …………… 85
　8.2.3　电源电路 ………………………… 86
　8.2.4　晶闸管电路 ……………………… 86
[项目实施] ……………………………… 87
8.3　元器件清单 ………………………… 87
8.4　认识装配图 ………………………… 88
8.5　电路安装 …………………………… 88
8.6　电路调试 …………………………… 90
[项目拓展]　探究安装问题 ……………… 91
[项目评价] ……………………………… 91

项目 9　信号发生器的安装与调试 ………………………………………… 92

[项目引入] ……………………………… 92
[项目学习] ……………………………… 92
9.1　基础知识 …………………………… 92
　9.1.1　认识 ICL8038 集成电路 ………… 92
　9.1.2　认识 CD4051 集成电路 ………… 93
　9.1.3　认识 OLED 显示屏 ……………… 94
9.2　原理分析 …………………………… 94
　9.2.1　波形发生电路 …………………… 96
　9.2.2　幅值测量电路 …………………… 96
　9.2.3　单片机控制电路 ………………… 97
　9.2.4　电源电路 ………………………… 97
9.3　关联知识 …………………………… 98
　9.3.1　信号发生器的面板设计 ………… 98
　9.3.2　认识 BNC 连接装置 …………… 99
　9.3.3　电源插座及选择 ………………… 99
[项目实施] ……………………………… 100
9.4　元器件清单 ………………………… 100
9.5　印制电路板识读 …………………… 101
9.6　电路安装 …………………………… 102
9.7　电路调试 …………………………… 102
[项目拓展]　探究"阻抗" ……………… 103
[项目评价] ……………………………… 103

项目 10　七彩电子琴的装配与调试 ………………………………… 104

[项目引入] …………………… 104
[项目学习] …………………… 104
10.1　基础知识 ………………… 104
　10.1.1　声音的知识 …………… 104
　10.1.2　扬声器的工作原理 …… 105
　10.1.3　认识 TDA2822 集成电路 … 105
10.2　原理分析 ………………… 106
　10.2.1　单片机电路 …………… 106
　10.2.2　双声道功放电路 ……… 106
　10.2.3　键盘电路 ……………… 106
　10.2.4　多彩 LED 驱动电路 …… 109
10.3　关联知识 ………………… 109
　10.3.1　面板图识读 …………… 109
　10.3.2　认识沉头螺钉 ………… 110
[项目实施] …………………… 111
10.4　元器件清单 ……………… 111
10.5　印制电路板识读 ………… 112
10.6　电路安装 ………………… 113
10.7　电路调试 ………………… 115
[项目拓展]　探究复合键功能 … 115
[项目评价] …………………… 116

项目 11　运算放大器应用电路的安装与调试 ………………… 117

[项目引入] …………………… 117
[项目学习] …………………… 117
11.1　基础知识 ………………… 117
　11.1.1　认识 PN 结测温技术 …… 117
　11.1.2　认识 LM324 集成运放 … 117
11.2　原理分析 ………………… 118
　11.2.1　电源电路 ……………… 118
　11.2.2　信号源电路 …………… 118
　11.2.3　运算电路 ……………… 118
　11.2.4　半导体测温电路 ……… 121
[项目实施] …………………… 121
11.3　元器件清单 ……………… 121
11.4　印制电路板识读 ………… 122
11.5　电路安装 ………………… 124
11.6　电路调试 ………………… 125
[项目拓展]　探究运放交流
　　　　　　信号处理 ………… 125
[项目评价] …………………… 126

项目 12　光控节能路灯的安装与调试 ……………………… 127

[项目引入] …………………… 127
[项目学习] …………………… 127
12.1　基础知识 ………………… 127
　12.1.1　认识光敏电阻 ………… 127
　12.1.2　认识功率 MOS 晶体管 … 128
12.2　原理分析 ………………… 128
　12.2.1　负电源生成电路 ……… 128
　12.2.2　功能模块电路 ………… 128
　12.2.3　比较器电路 …………… 130
　12.2.4　三角波发生器电路 …… 130
　12.2.5　PWM 波形生成电路 …… 131
　12.2.6　LED 驱动电路 ………… 132
[项目实施] …………………… 133
12.3　元器件清单 ……………… 133
12.4　印制电路板识读 ………… 134
12.5　电路安装 ………………… 136
12.6　电路调试 ………………… 136
[项目拓展]　探究迟滞比较器 … 136
[项目评价] …………………… 137

项目 13 负反馈放大电路的安装与调试 138

［项目引入］ 138
［项目学习］ 138
13.1 基础知识 138
13.2 原理分析 139
［项目实施］ 139
13.3 元器件清单 139
13.4 印制电路板识读 140
13.5 电路安装 142
13.6 电路调试 143
［项目拓展］ 自主探究其他情况 ... 144
［项目评价］ 145

项目 14 电子沙漏计时器电路的安装与调试 146

［项目引入］ 146
［项目学习］ 146
14.1 基础知识 146
  14.1.1 认识滚珠开关 146
  14.1.2 认识 LED 矩阵显示电路 ... 147
14.2 原理分析 148
  14.2.1 单片机及开关电路 148
  14.2.2 多彩 LED 电路和蜂鸣器电路 ... 148
  14.2.3 双向 LED 矩阵电路 150
14.3 关联知识 152
  14.3.1 认识面板 152
  14.3.2 认识视觉暂留现象 152
［项目实施］ 152
14.4 元器件清单 152
14.5 印制电路板识读 154
14.6 电路安装 155
14.7 电路调试 156
［项目拓展］ 探究单键编程方法 ... 157
［项目评价］ 158

项目 15 可测温圆盘电子钟电路的安装与调试 159

［项目引入］ 159
［项目学习］ 159
15.1 基础知识 159
  15.1.1 温度测量方法 159
  15.1.2 认识 DS1302 集成电路 ... 160
  15.1.3 认识 Mini USB 接口 ... 161
  15.1.4 认识带冒号数码管 161
15.2 原理分析 162
  15.2.1 时钟电路 162
  15.2.2 测温及测光电路 162
  15.2.3 数码管及 LED 驱动电路 ... 162
  15.2.4 按键及音响电路 162
15.3 相关知识 164
  15.3.1 认识面板设计图 164
  15.3.2 认识薄膜面板 164
［项目实施］ 165
15.4 元器件清单 165
15.5 印制电路板识读 166
15.6 电路安装 166
15.7 电路调试 168
［项目拓展］ 探究安装工艺 169
［项目评价］ 169

项目 16　压控振荡电路的安装与调试 … 170

[项目引入] … 170
[项目学习] … 170
16.1　基础知识 … 170
16.1.1　积分电路 … 170
16.1.2　光电耦合器电路 … 171
16.2　原理分析 … 171
16.2.1　电源电路 … 172
16.2.2　功能模块接口电路 … 172
16.2.3　压控振荡电路 … 173
16.2.4　信号源电路 … 174
16.2.5　光电耦合器隔离电路 … 174
[项目实施] … 174
16.3　元器件清单 … 174
16.4　印制电路板识读 … 175
16.5　电路安装 … 176
16.6　电路调试 … 176
[项目拓展]　探究光电耦合器隔离电路频率特性 … 179
[项目评价] … 179

项目 17　电量指示电路的安装与调试 … 181

[项目引入] … 181
[项目学习] … 181
17.1　基础知识 … 181
17.1.1　认识 TL431 集成电路 … 181
17.1.2　认识恒流源电路 … 182
17.2　原理分析 … 182
17.2.1　模拟电池电路 … 182
17.2.2　取样电路 … 182
17.2.3　基准电压源电路 … 182
17.2.4　基准电压生成电路 … 182
17.2.5　比较器及电量管驱动电路 … 184
[项目实施] … 185
17.3　元器件清单 … 185
17.4　印制电路板识读 … 186
17.5　电路安装 … 187
17.6　电路调试 … 187
[项目拓展]　探究测量范围设计 … 188
[项目评价] … 188

项目 18　红外倒车雷达的安装与调试 … 189

[项目引入] … 189
[项目学习] … 189
18.1　基础知识 … 189
18.1.1　认识红外发射管 … 189
18.1.2　认识红外接收管 … 190
18.2　原理分析 … 190
18.2.1　信号发射电路 … 190
18.2.2　信号接收及放大电路 … 190
18.2.3　LM3914 电平指示电路 … 190
[项目实施] … 193
18.3　元器件清单 … 193
18.4　印制电路板识读 … 194
18.5　电路安装 … 196
18.6　电路调试 … 196
[项目拓展]　探究超声波雷达 … 197
[项目评价] … 197

项目 19 触摸及声控电路的安装与调试 ……………………… 198

[项目引入] ……………………… 198
[项目学习] ……………………… 198
19.1 基础知识 ……………………… 198
19.1.1 认识单稳态 ……………… 198
19.1.2 认识 CD4069 集成电路 …… 199
19.2 原理分析 ……………………… 199
19.2.1 触摸检测电路 ……………… 199
19.2.2 二极管与门电路 …………… 199
19.2.3 音乐报警电路 ……………… 199
19.2.4 声音检测电路 ……………… 202
[项目实施] ……………………… 202
19.3 元器件清单 ……………………… 202
19.4 印制电路板识读 ……………… 203
19.5 电路安装 ……………………… 205
19.6 电路调试 ……………………… 206
[项目拓展] 探究电平细节 ……… 206
[项目评价] ……………………… 207

项目 20 噪声检测仪电路的安装与调试 ……………………… 208

[项目引入] ……………………… 208
[项目学习] ……………………… 208
20.1 基础知识 ……………………… 208
20.1.1 认识 LED 点阵模块 ……… 208
20.1.2 字模及字模生成 …………… 210
20.2 原理分析 ……………………… 211
20.3 关联知识 ……………………… 213
20.3.1 识读面板图 ……………… 213
20.3.2 亚克力面板 ……………… 214
[项目实施] ……………………… 214
20.4 元器件清单 ……………………… 214
20.5 印制电路板识读 ……………… 215
20.6 电路安装 ……………………… 216
20.7 电路调试 ……………………… 217
[项目拓展] 探究频谱显示 ……… 217
[项目评价] ……………………… 218

项目 21 音量指示电路的安装与调试 ……………………… 220

[项目引入] ……………………… 220
[项目学习] ……………………… 220
21.1 基础知识 ……………………… 220
21.1.1 认识电平 ………………… 220
21.1.2 认识 LM3914 集成电路 …… 220
21.1.3 认识 10 段 LED 光条 ……… 221
21.2 原理分析 ……………………… 221
21.2.1 传声器音量放大电路 ……… 223
21.2.2 精密整流电路 …………… 223
21.2.3 电平指示电路 …………… 224
[项目实施] ……………………… 225
21.3 元器件清单 ……………………… 225
21.4 印制电路板识读 ……………… 225
21.5 电路安装 ……………………… 227
21.6 电路调试 ……………………… 227
[项目拓展] 探究指针式电平表
　　　　　驱动 ……………………… 229
[项目评价] ……………………… 230

项目 22 数控稳压电源的安装与调试 ……………………… 231

[项目引入] ……………………… 231
[项目学习] ……………………… 231
22.1 基础知识 ……………………… 231
22.1.1 认识旋转编码开关 ……… 231
22.1.2 认识电流采样电路 ……… 232
22.1.3 认识 LM2575 集成电路 …… 233

22.2	原理分析 ………………… 233		22.3.3	螺丝胶 ………………… 239
	22.2.1 电路原理图 ……………… 233		22.3.4	导热硅脂 ……………… 239
	22.2.2 ±15 V 电源电路 ………… 233		［项目实施］	………………… 240
	22.2.3 控制板供电电路 ………… 235	22.4	元器件清单	……………… 240
	22.2.4 恒流源负载电路 ………… 235	22.5	印制电路板识读	………… 242
	22.2.5 全波整流及滤波电路 …… 235	22.6	电路安装	………………… 243
	22.2.6 串联式稳压电路 ………… 235	22.7	电路调试	………………… 245
	22.2.7 控制电路图 ……………… 236	［项目拓展］	探究电源输出电流 …… 246
22.3	相关知识 ………………… 238	［项目评价］	………………… 246
	22.3.1 电源机壳 ……………… 238			
	22.3.2 香蕉接线端子及端子座 … 239			

项目 23　音乐蜡烛的安装与调试 ……………………… 247

［项目引入］	………………… 247	23.3	关联知识	………………… 252
［项目学习］	………………… 247		23.3.1 了解数据手册 ………… 252
23.1	基础知识 ………………… 247		23.3.2 认识独石电容 ………… 254
	23.1.1 认识音乐集成电路 ……… 247	［项目实施］	………………… 254
	23.1.2 认识 LM386 集成功放 …… 248	23.4	元器件清单	……………… 254
23.2	原理分析 ………………… 248	23.5	印制电路板识读	………… 255
	23.2.1 温度检测电路 ………… 248	23.6	电路安装	………………… 256
	23.2.2 逻辑控制电路 ………… 250	23.7	电路调试	………………… 257
	23.2.3 音源电路 ……………… 250	［项目拓展］	探究点蜡烛方式 …… 258
	23.2.4 灯光显示电路 ………… 250	［项目评价］	………………… 258
	23.2.5 功放电路 ……………… 251			
	23.2.6 声控电路 ……………… 251			

项目 24　电子声光报警器电路的安装与调试 …………… 259

［项目引入］	………………… 259	24.3	关联知识	………………… 263
［项目学习］	………………… 259		24.3.1 面板的设计图分析 ……… 263
24.1	基础知识 ………………… 259		24.3.2 触摸开关的工作原理 …… 263
	24.1.1 认识触摸集成电路 ……… 259	［项目实施］	………………… 264
	24.1.2 认识音乐晶体管 ………… 260	24.4	元器件清单	……………… 264
	24.1.3 认识 CD4022 集成电路 … 261	24.5	印制电路板识读	………… 265
24.2	原理分析 ………………… 261	24.6	电路安装	………………… 266
	24.2.1 触摸控制电路 ………… 261	24.7	电路调试	………………… 267
	24.2.2 NE555 受控振荡电路 …… 263	［项目拓展］	探究触发方式 ……… 268
	24.2.3 CD4022 计数电路 ……… 263	［项目评价］	………………… 268
	24.2.4 音乐晶体管报警电路 …… 263			

项目 25 LC 测量仪的安装与调试 ………………………………… 270

[项目引入] ……………………………… 270
[项目学习] ……………………………… 270
25.1 基础知识 ……………………………… 270
　25.1.1 电感/电容量测量的一般原理 …… 270
　25.1.2 LCD1602 字符型液晶显示屏 ……… 271
25.2 原理分析 ……………………………… 271
　25.2.1 LC 振荡电路 ……………………… 273
　25.2.2 大容量电容测量电路 ……………… 273
　25.2.3 单片机电路 ………………………… 273
25.3 关联知识 ……………………………… 273
　25.3.1 机壳选用 …………………………… 273
　25.3.2 面板设计 …………………………… 274
[项目实施] ……………………………… 275
25.4 元器件清单 …………………………… 275
25.5 印制电路板识读 ……………………… 277
25.6 电路安装 ……………………………… 277
25.7 电路调试 ……………………………… 278
[项目拓展] 探究起振条件 …………… 279
[项目评价] ……………………………… 279

参考文献 ………………………………………………………………… 280

项目 1　声控旋律灯的装配与调试

[项目引入]

音乐声起,灯光随着声音摇曳闪烁,图 1-1 所示是声控旋律灯的测试情境。一个简单的电路就能实现如此神奇的功能。让我们一起来试一试,感受电子技术的魅力吧!

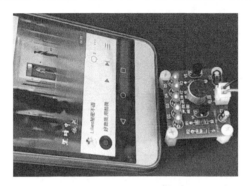

二维码 1-1
声控旋律灯
工作过程

图 1-1　声控旋律灯测试

[项目学习]

1.1　基础知识

1.1.1　识读色环电阻

电阻器(简称电阻)是利用一些材料对电流有阻碍作用的特性而制成的,它是一种最基本、最常用的电子元器件。图 1-2 所示是常见的色环电阻的外形。目前占据电阻主流标志方法的是国际上惯用的"色环标志法"。采用色环标志法的电阻,印有 4 道或 5 道色环表示阻值、允许偏差等参数,阻值的单位为 Ω。

对于 4 色环电阻,紧靠电阻端部的第 1、2 环表示两位有效数字,第 3 环表示倍乘数,第 4 环表示允许偏差,图 1-3a 所示是 4 色环电阻识读的方法。若一个电阻的 4 道色环分别是绿、棕、红、金,最后一位金表示误差为±5%,前 3 位色环对应数字为 512,计算方法为:51×10^2,即 5.1 kΩ。对于 5 色环电阻,第 1、2、3 环表示 3 位有效数字,第 4 环表示倍乘数,第 5 环表示允许偏差,图 1-3b 所示是 5 色环电阻识读的方法。若一个电阻的 5 道色环分别是绿、棕、黑、棕、棕,最后一位棕表示误差为±1%,前 4 位色环对应数字为 5101,计算方法为:510×10^1,即 5.1 kΩ。

图 1-2 色环电阻   图 1-3 色环电阻识读法

图 1-4 是各色环颜色及其对应的数字。

色标		代表数	第一环	第二环	第三环		%第四环
棕		1	1	1	1	10	±1
红		2	2	2	2	100	±2
橙		3	3	3	3	1k	
黄		4	4	4	4	10k	
绿		5	5	5	5	100k	±0.5
蓝		6	6	6	6	1M	±0.25
紫		7	7	7	7	10M	±0.1
灰		8	8	8	8		±0.05
白		9	9	9	9		
黑		0	0	0	0	1	
金			0.1			0.1	±5
银			0.01			0.01	±10
无			第一环	第二环	第三环	第四环	±20

二维码 1-2 电阻色环彩图

图 1-4 色环电阻颜色数值对照图

1.1.2 认识驻极体传声器

传声器是将声音信号转换为电信号的器件。传声器的种类很多,本项目中使用的是驻极体传声器,这种传声器具有体积小、结构简单、电声性能好、价格低的特点,广泛用于各类电路中,图 1-5 所示是驻极体传声器的外形。

图 1-5 驻极体传声器的外形

传声器是有极性的元器件,将传声器底部朝向自己,有一些传声器的底部有极性标志,可据此判断其极性,如果没有极性标志,可以查看传声器的两个引脚,其中有一个与外壳相连,这个引脚是传声器的负极,在电路中它应该与负电源端相连。

1.1.3 认识晶体管

晶体管是最为常用的电子元器件之一,它的品种与型号极多,本电路中使用的是 NPN 型晶体管,其型号为 2SC9013 或者 2SC8050,也称作 9013 和 8050,即省却了前缀 2SC。图 1-6 所示是 NPN 型晶体管的图形符号,图 1-7 所示是 9013、8050 型晶体管的外形。

图 1-6 NPN 型晶体管的图形符号

图 1-7 9013、8050 型晶体管的外形

1.1.4 认识发光二极管

发光二极管是一种通电后能够发光的器件,图 1-8a 是发光二极管的国标的图形符号。本书电路图使用 Altium Designer 软件绘制,图 1-8b 是 Altium Designer 软件中的发光二极管符号。发光二极管的种类极多,图 1-9 所示是本项目制作中所用发光二极管的外形。发光二极管具有单向导电性,即只有按正确的极性为其通电,发光二极管才能导通;发光二极管一旦导通,其工作电流将随其两端电压增加而快速增加,因此通常必须为发光二极管配上限流电阻,或者使电路具有限流能力,否则将会导致发光二极管通过过大电流而烧毁。图 1-8a 中标志为 A 的是发光二极管的阳极,对应图 1-9 中较长的引脚;标志为 K 的引脚是发光二极管的阴极,对应图 1-9 中较短的引脚。

图 1-8 发光二极管的图形符号

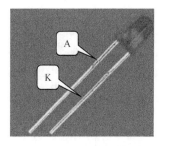

图 1-9 发光二极管的外形

1.2 原理分析

图 1-10 所示是声控旋律灯电路原理图,图中 MK1 是传声器,用于拾取外部的声音信号,并将之变为电信号,R1 是驻极体传声器的偏置电阻。

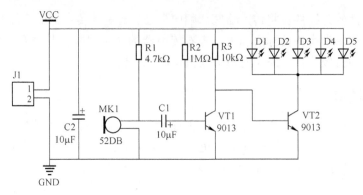

图 1-10 声控旋律灯电路原理图

电阻 R2 是晶体管 VT1 的偏置电阻,晶体管 VT1 和 VT2 构成简单的放大电路。按图示参数,传声器没有电信号送出时,VT1 导通,其 c、e 极之间的电压约为 0.1 V,该电压就是 VT2 的 V_{be}。远低于 VT2 导通所需的 0.5~0.7 V,因此,VT2 截止,所有二极管均不亮。当传声器拾取到声音后,产生交流信号,其中负半周的电信号使得 VT1 从导通状态退出,VT1 集电极电压升高,当该电压超过 0.5 V 后,VT2 逐渐进入导通状态,此时,VT2 的集电极开始有电流流过,发光二极管开始点亮,外部声音越大,VT2 导通程度越高,二极管就越亮。这样,在这个电路旁边播放音乐时,LED 就会随旋律而亮、暗变化。

J1 是接线端子,用来接入电源。C1 是耦合电容(电容器可简称电容),利用电容的"隔直通交"性质,避免传声器两端的直流电压影响晶体管的直流工作点,仅允许声音产生的交流信号通过。C2 是滤波电容,用来稳定供电电压。

[项目实施]

1.3 元器件清单

与这个电路配套的有两种形式的电路板,一种使用直插式元器件,另一种使用贴片元器件。表 1-1 列出了元器件,其中封装栏又分为两列,分别针对两种形式的电路。

表 1-1 声控旋律灯直插版及贴片版元器件

序号	标号	型号	数量	元器件封装的规格	
				直插版	贴片版
1	R1	4.7 kΩ	1	RJ-0.25 W(AXIAL0.4)	0805
2	R2	1 MΩ	1	RJ-0.25 W(AXIAL0.4)	0805
3	R3	10 kΩ	1	RJ-0.25 W(AXIAL0.4)	0805
4	D1~D5	红色 LED	5	5 mm 直插式	0805
5	C1,C2	10 μF/16 V	2	CD11	贴片电解电容
6	VT1,VT2	9013	2	TO-92	SOT23-3(J3)
7	MK1	52DB	1	驻极体传声器带针	
8		PCB	1	定制	定制

参考表 1-2 进行元器件的识别与检测。

二维码 1-3
表 1-2 彩图

表 1-2 元器件识别与检测

序 号	元 器 件	识别或检测方法	
1	5 色环电阻		4.7 kΩ，±1%，黄紫黑棕棕
2	5 色环电阻		1 MΩ，±1%，棕黑黑黄棕
3	5 色环电阻		10 kΩ，±1%，棕黑黑红棕
4	贴片电阻	472	4.7 kΩ
5	贴片电阻	105	1 MΩ
6	贴片电阻	103	10 kΩ
7	贴片发光二极管		使用数字万用表的二极管测试档，红色和黑色表笔分别接触贴片发光二极管的两端，如果其中有一次发光二极管点亮，说明发光二极管正常，且此时红表笔所接为发光二极管的阳极
8	贴片电解电容		贴片电解电容底座有斜角为正，或者电容体黑色标志为负
9	TO-92 封装的 9013 晶体管		使用数字万用表的 hFE 档，将晶体管的 e、b、c 极插入图示 NPN 插座相应位置，若显示值较大（100 以上），大致可以判断出晶体管是好的
10	SOT23 封装的 9013 晶体管		贴片晶体管通过表面印字来区分型号，J3 是 9013 型晶体管表面印的字符

1.4 印制电路板识读

图 1-11 是直插版（又称插件版）声控旋律灯印制电路板图，图 1-12 是直插版声控旋律灯 3D 视图。对照这两个图与表 1-2，识别每个元器件。

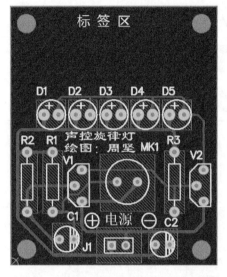 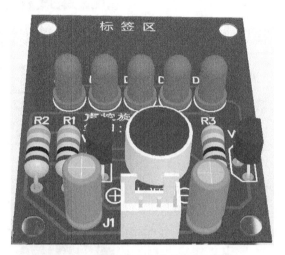

图 1-11　直插版声控旋律灯印制电路板图　　图 1-12　直插版声控旋律灯 3D 视图

图 1-13 和图 1-14 分别是贴片版的声控旋律灯 PCB 图和贴片版声控旋律灯 3D 视图。

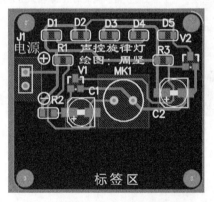 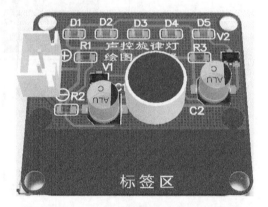

图 1-13　贴片版声控旋律灯印制电路板图　　图 1-14　贴片版声控旋律灯 3D 视图

1.5 电路安装

1.5.1 元器件引脚的成形

元器件在安装之前要先做成形处理，少量装配或者学生练习时可使用镊子对元器件做成形处理。本次制作主要是对电阻做成形处理，图 1-15 是电阻手工成形的方法。

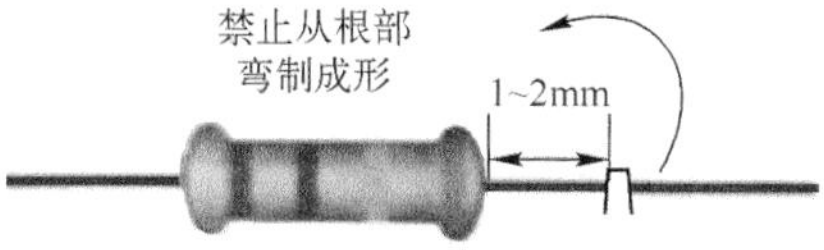

图 1-15　电阻的手工成形

1.5.2　安装与制作

不论是插件电路板的制作还是贴片电路板的制作，都应遵循先低后高、先里后外、先卧后立、先小后大、先轻后重的顺序。前面的工序不影响后面的工序，并且注意前后工序的衔接。

对于插件版声控旋律灯电路板来说，安装的顺序是：电阻、晶体管、接线端子、发光二极管、电解电容。

图 1-16 是电阻安装方法，电阻可以紧贴在印制电路板上安装；图 1-17 是晶体管安装方法，管脚应保留 3~5 mm；图 1-18 是发光二极管安装方法，管脚应保留 3~5 mm。

图 1-16　电阻安装方法

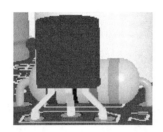

图 1-17　晶体管安装方法

图 1-18　发光二极管安装方法

图 1-19 所示是利用发光二极管管脚上的小凸起进行装配的方法，这个凸起是整张 LED 支架在 LED 制造工艺完成后切割剩余的残端，手工焊接时可以利用这个凸起作为定位。当然，如果凸起距离不合适，也不必拘泥于此。

J1 端子本身并没有极性，但是通常按一定的方向安装，图 1-20 所示是 J1 接线端子的安装方向图，端子上的缺口朝向电路板里面。

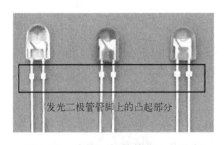

图 1-19　发光二极管管脚上的凸起

图 1-20　J1 接线端子安装方向

对于贴片版声控旋律灯电路板来说，安装的顺序为贴片电阻、贴片发光二极管、贴片晶体管、贴片电解电容、接线端子。

发光二极管安装时必须注意其极性。图 1-21 所示是本制作中使用的 0805 型封装 LED，在底部有"T"字形或三角形符号。"T"字一横的一边是正极；三角形符号的"边"靠近的一侧是正极，"角"靠近的一侧是负极。

图 1-22 所示是贴片版电路板接线端子 J1 安装方向。

图 1-21　贴片发光二极管的极性判断　　　　图 1-22　贴片版电路板接线端子 J1 安装方向

图 1-23 是安装好的声控旋律灯实物图，包括直插版和贴片版两块电路板。

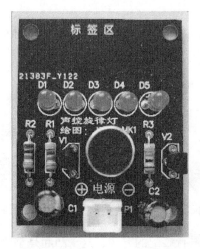 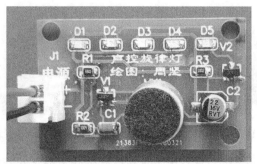

图 1-23　声控旋律灯的实物图

1.6　电路调试

1.6.1　电源连接

本电路在设计时考虑到学生要带回家展示的需要，因此设计了电池供电。

图 1-24 所示是本电路供电使用的 2 节 5 号电池盒，为了将电池盒与电路板连接，还需要图 1-25 所示的压线钳。

图 1-24　2 节 5 号电池盒　　　　图 1-25　压线钳

在按套购买图 1-26 所示的 XH2.54 接线端子时,可以得到图 1-27 所示的配套塑壳及簧片。使用压线钳将簧片压制到电池盒的连接线上,然后将簧片插入塑壳插头中,即可完成制作。如果觉得压接线麻烦,也可以购买图 1-28 所示 XH2.54 成品线来制作。

图 1-26　XH2.54 接线端子　　　图 1-27　XH2.54 塑壳及簧片　　　图 1-28　XH2.54 成品线

作为制作练习,建议自行压接簧片。如果确实没有压线钳,也可以将电池盒的引线直接焊接在电路板上,此时应使用胶带固定引线,避免引线晃动。

1.6.2　电路调试

断开电路连接,打开带有限流功能的稳压电源,将电压调整到 3 V。将限流电位器逆时针拧到底,此时输出电压为 0,短接输出端(注意:如果所用稳压电源没有限流功能,则不能短接),调节限流电位器,使电流表读数显示为 0.1 A,断开短路线,电压表输出恢复至 3 V。这样,即便出现意外情况,也可避免电流过大,为情况处理赢得时间。

二维码 1-4
端子压制

使用万用表 $R\times 10\ \Omega$ 电阻档测量 XH2.54 端子的两端,保证电路不短路。接入电源,同时注意观察稳压电源自带显示仪表,此时电压输出应没有变化,而电流表示值应极小。如果出现电流表显示较大电流的情况,说明电路工作异常,应停止通电,仔细检查电路。电源正常时,观察 LED,此时所有 LED 应不亮。用嘴朝传声器轻轻吹气,观察 LED 的发光情况。若电路工作正常则 LED 会随吹气而有所闪亮,若加大吹气力度,则 LED 变得更亮。观察到这一现象,说明电路工作正常。在传声器前播放音乐,观察 LED 随音乐节奏变化而闪烁变化的现象。

在调试电路时有时会用手轻轻敲击传声器来观察 LED 状态的变化。原则上来说,敲击传声器的做法不合理,因为有可能会损坏传声器,考虑到本项目所用的传声器为驻极体传声器,价格低廉,耐用性很好,因此,轻微的敲击也是允许的。但如果在其他工作场合,

二维码 1-5
声控旋律灯
测试

如会场需要测试传声器时,不应采用这种方法。因为会场所用传声器较为精密,敲击容易引起传声器本身的损坏;同时从传声器到扬声器箱整个系统的情况较为复杂,不可控因素多,敲击动作不易控制,其产生的猝发信号经放大后,可能会对电路、扬声器箱或者会场环境产生不利影响,而这种影响造成的后果可能远远超过传声器损坏本身。

[项目拓展] 认识各色 LED

本电路中使用的发光二极管是红色发光二极管,能不能使用可以发出其他颜色的发光二极管呢?阅读下面的内容后讨论这个问题。

通过市场调研可以发现,市场上所销售的发光二极管能发出各种颜色,常见的有红色、绿色、蓝色、白色等。这些发光二极管不仅发光的颜色不同,而且其导通后的电特性也有所区别。发光二极管的特点包括:①发光二极管必须对其加正向电压才能导通;②正向电压的数值

必须达到一定的值才能导通；③发光二极管导通以后，其两端的电压基本保持不变。而不同颜色的发光二极管其导通以后两端的电压值并不相同，且相差较大，而且即便同一颜色的发光二极管，生产企业不同，甚至是同一企业的不同生产批次，其导通后的电压值也有差别。经过测试，得到某一批次发光二极管的导通电压为红色：2.0 V；绿色：2.9 V；蓝色：3.0 V；白色：2.9 V。

[项目评价]

项　目	配　分	评分标准	扣　分	得　分
焊接工艺	30	① 虚焊、漏焊、碰焊、焊盘脱落，每处扣2分，最多扣10分； ② 焊点表面粗糙、不光滑，有拉尖、毛刺、堆焊、焊点布局不均匀、夹渣，每处扣1分，最多扣10分； ③ 同类焊点大小明显不均匀，总体扣3分； ④ 表面不清洁，有大块焊剂或焊料残留，总体扣3分； ⑤ 焊接后的元器件引脚剪切不合理（过短、过长或长短不一），总体扣2分		
安装工艺	30	① 元器件标志方向、插装高度不符合工艺要求，每件扣1分，最多扣5分； ② 元器件引脚成形不符合工艺要求，每件扣1分，最多扣5分； ③ 元器件插装位置不符合要求，每件扣2分，最多扣8分； ④ 损坏元器件，每件扣2分，最多扣10分； ⑤ 整体排列不整齐，总体扣2分		
功能调试	30	① 发光二极管始终无法点亮，扣10分； ② 发光二极管通电即发光，扣10分； ③ 无法实现声控功能，扣10分		
安全文明操作	10	① 工作台上工具摆放不整齐，扣1分； ② 未按要求统一着装，仪容仪表不规范，扣1分； ③ 未能严格遵守安全操作规程，造成仪器设备损坏，扣5~8分		
总分	100			

项目 2　电子幸运转盘的装配与调试

[项目引入]

儿时你可曾在糖人摊前旋转过转盘？长大一些了你可曾对着各种抽奖转盘眼睁睁地看着它错过了特等奖、一等奖、二等奖，最后来到"谢谢光临"？图 2-1 是一种幸运转盘。让我们来做一个电子幸运转盘并试着玩玩看吧。

二维码 2-1　幸运转盘运行过程

图 2-1　幸运转盘

[项目学习]

2.1　基础知识

2.1.1　认识 NE555 集成电路

NE555 是 8 脚时基集成电路，其体积小、稳定可靠、操作电源范围大、输出电流能力强、温度稳定度佳，且价格便宜。

NE555 的主要参数：
1) 供电电压：4.5~18 V。
2) 输出电流：最大 225 mA。

图 2-2 所示是双列直插封装的 NE555 集成电路，图 2-3 所示是这个集成电路的原理图。对于集成电路，需要知道它的引脚分布规律。不论是何种集成电路，都要先找到它的第 1 脚，通常，集成电路都有标志，用来帮助人们确定。图 2-2 所示的集成电路有一个半圆形的缺口，找到第 1 脚以后，其他引脚按逆时针方向顺序排列，参考图 2-3。

图 2-2 双列直插 NE555 集成电路实物外形

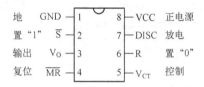

图 2-3 NE555 集成电路图形符号及注释

2.1.2 认识 CD4017 集成电路

CD4017 是一种十进制计数器/脉冲分配器，图 2-4 所示是其双列直插型号的外形，图 2-5 是其图形符号。它有 Y0~Y9、CO 共 11 个输出端，CP、CR、INH 共 3 个输入端。INH 引脚为低电平时，计数器在时钟上升沿计数；反之，计数功能无效。CR 为高电平时，计数器清零。

CD4017 引脚功能符号：

CO：进位脉冲输出端，可用于多片 CD4017 级联；

CP：时钟输入端；

CR：清除端；

INH：禁止端；

Y0~Y9：计数脉冲输出端；

V_{DD}：正电源；

V_{SS}：地。

图 2-4 双列直插 CD4017 实物外形

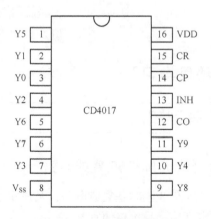

图 2-5 CD4017 图形符号

图 2-6 所示是 CD4017 的工作波形图。波形图被许多集成电路用作描述其工作状态，简单而直观。图中虚线①左侧描述的是 CR 端为高电平的状态，当 CR 端为高电平时，即便有 CP 脉冲，输出端也不会发生变化。虚线①和②之间描述的是当 CR 端为低电平时，来了一个 CP 脉冲（一次由低电平到高电平的变化），则 Y0 由高电平变成了低电平，而 Y1 由低电平变成了高电平，其他输出引脚不变。虚线②和③之间描述的是再次出现一个 CP 脉冲，Y1 由高电平变成低电平，而 Y2 由低电平变成高电平。仔细观察波形图，不难得出结论，每次 CP 端出现

由低电平到高电平的变化时,Y0~Y9 就会依次发生变化,引脚为高电平的引脚往前推进一个,而原来为高电平的引脚则变为低电平。

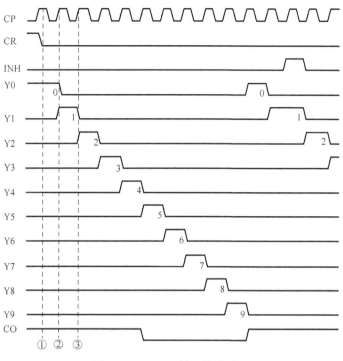

图 2-6　CD4017 的工作波形图

2.1.3　认识拨动开关

拨动开关通过拨动开关柄使电路接通或断开,从而达到切换电路的目的。

图 2-7 所示是一个双刀双掷开关,它有两个通过绝缘体连接在一起的金属片,它们没有电气连接但保持机械动作的一致性。当刀朝左压下后,中间接线端子与左侧接线端子相连,形成两条导电通路;当刀朝右压下后,中间接线端子与右侧接线端子相连,形成两条导电通路,这就是双刀双掷开关的基本工作原理。

两极双位拨动开关结构比图 2-7 中的要小巧许多,但工作原理是一样的。图 2-8 所示为 SS-22D07 型两极双位拨动开关的外形图,它有 6 个引脚,与图 2-7 所示双刀双掷开关中的 6 个接线柱一一对应。

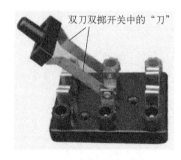

图 2-7　双刀双掷开关

图 2-8　SS-22D07 型两极双位拨动开关外形图

图 2-9 所示是 SS-22D07 开关的外形尺寸图。在设计这个电路的印制电路板时,需要这些尺寸才能画出真实形状的封装,保证能够正确地安装该器件,并能正确地在机壳上开孔。

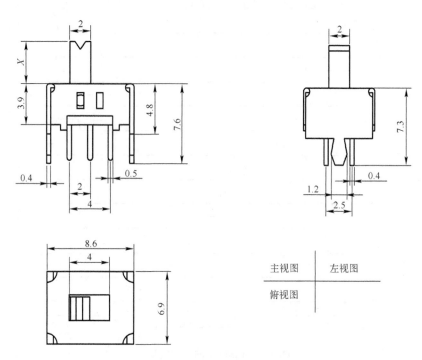

图 2-9　SS-22D07 拨动开关尺寸图

注:X 表示柄高度,由于同一型号中不同的品种柄高度不同,因此这里用 X 描述。

2.1.4　认识 RC 充放电电路

1. RC 充电电路

图 2-10a 所示是将开关 S 置于"1"的状态,电源 E 开始通过电阻 R 对电容 C 充电,由于刚开始充电时电容两端没有电荷,故电容两端电压为 0。此时电流最大,它对电容 C 充电的速度最快。随着电容不断被充电,它两端电压 U_O 很快上升,电阻 R 两端电压 U_R 不断减小,充电电流不断减小,充电的速度也在减慢。图 2-10b 所示是充电时电容两端电压变化曲线。

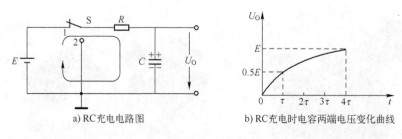

a) RC 充电电路图　　　b) RC 充电时电容两端电压变化曲线

图 2-10　RC 充电电路

电容充电速度与 R、C 的乘积有关,这个乘积称为时间常数,用 τ 表示,即

$$\tau = RC$$

式中,τ 的单位是 s(秒);R 的单位是 Ω(欧姆);C 的单位是 F(法拉)。RC 充电电路时间常数 τ 越大,充电时间越长,反之则时间越短。

2. RC 放电电路

图 2-11a 所示是电容 C 充电后,将开关 S 置于"2"处的状态,电容 C 开始通过电阻 R 放电,由于刚开始放电时电容两端电压为 E,放电电流最大,电容 C 放电很快。随着电容不断放电,它两端电压 U_0 很快下降,故放电电流也很快减小。图 2-11b 所示是放电时电容两端电压变化曲线。

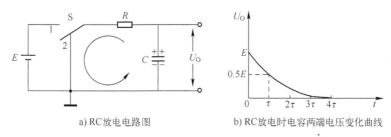

a) RC 放电电路图　　b) RC 放电时电容两端电压变化曲线

图 2-11　RC 放电电路

2.2　原理分析

图 2-12 所示是电子幸运转盘的电路原理图,它由供电部分、频率可调振荡电路、延时控制电路、CD4017 计数电路等部分组成。

2.2.1　供电电路

图 2-13 所示是电子幸运转盘的供电部分。通常在供电端接入一大一小两个电容,作为电源滤波之用。

2.2.2　频率可调振荡电路

当拨动开关拨向左侧时,U1 与相关元件组成了图 2-14a 所示可调振荡频率的振荡电路,图 2-14b 所示是其等效电路。这是一个频率可调振荡电路,振荡频率为(R5+RP1+R6)×C4,其中 RP1 是 100kΩ 的电位器,其阻值可以在 0~100kΩ 之间变化。

2.2.3　延时振荡控制电路

图 2-15 所示是延时振荡控制电路,当图 2-15a 中拨动开关的 2、4 和 1、3 分别相连后,得到图 2-15b 所示等效电路。当 V1 导通时,V1 的导通电阻、R2 及 R4 相加的值与 C4 的乘积决定了振荡频率。

当开关 K1 按下时,V1 导通,同时电容 C3 被充满电。当 K1 松开后,C3 使得 V1 的基极仍保持高电位,V1 仍然导通。C3 通过 R1 放电,随着 V1 基极电位逐渐降低,V1 将关闭,振荡电路停止工作。

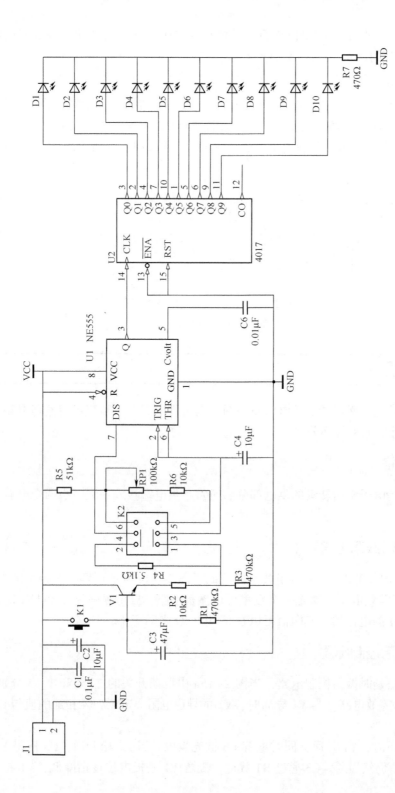

图 2-12 电子幸运转盘电路原理图

项目 2　电子幸运转盘的装配与调试

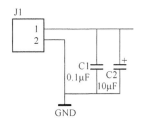

图 2-13　供电电路

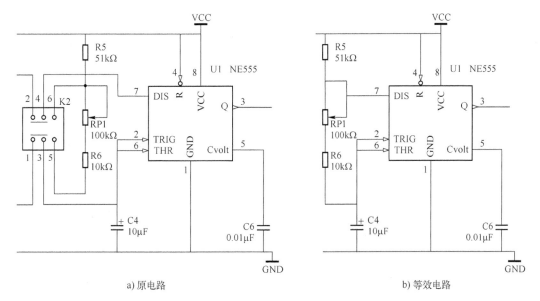

图 2-14　频率可调振荡电路

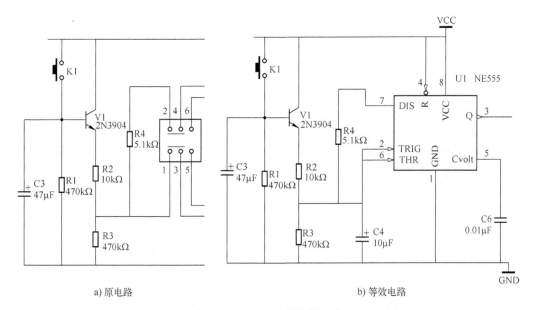

图 2-15　延时振荡控制电路

2.2.4 十进制计数器电路

图 2-16 所示是 CD4017 计数器及显示电路，U2 芯片的 $\overline{\text{ENA}}$ 引脚与 RST 引脚接地，满足 CD4017 正常工作条件。当 CLK 端送入时钟脉冲后，输出端 Q0~Q9 依次由低电平变为高电平。这样发光二极管 D1~D10 依次点亮，图中 R7 是限流电阻。由于 10 个发光二极管在任意时刻只有一个点亮，所以这个电路中只用了一个限流电阻。

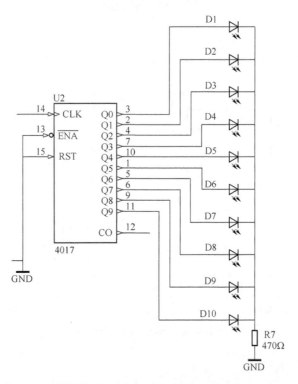

图 2-16　CD4017 计数器及显示电路

2.3　关联知识

2.3.1　认识面板的设计图

电子专业同样需要与各类机械图样打交道，例如将电路板装到外壳中，为电路板加工一些紧固件等，因此，学会识读机械图样非常有必要。本书在各项目中分别介绍有关机械图样的常识，图 2-17 所示是面板的 CAD 设计图，本项目主要介绍机械图中的各种线型的名称及其用途。

二维码 2-2
图 2-17 彩图

图 2-18 和图 2-19 分别是面板实物的正反面图，配合这两个图更容易看懂图 2-17。

观察图样可以看到，图样由各种线型组成，图 2-20 所示是本图样中常用的线型。在彩色图中分别用白色、绿色、粉红色、黄色来表达。

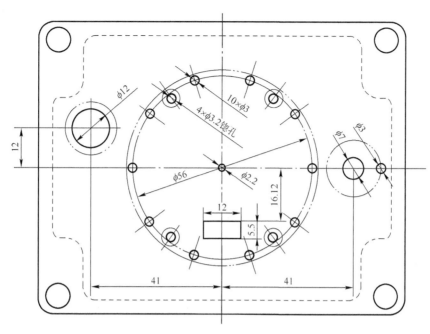

图 2-17 面板设计图

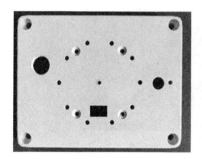

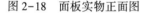

| 图 2-18 面板实物正面图 | 图 2-19 面板实物反面图 | 图 2-20 图样中常用的各种线型 |

1)实线用来表达可以看到的各种结构的形状。注意将图 2-17 与图 2-18、图 2-19 联系在一起看,可以看得较为清楚。

2)虚线表达的是不可见但真实存在的线。图中虚线是外壳背面的线条,从正面看不到,但它是真实存在的,注意观察图 2-19 中的结构与图 2-17 中虚线的对应关系。

3)中心线用点画线来表达。图中圆的中心线和矩形的对称线都用的是点画线,这个线不是实际存在的,是用来作为辅助看图或者标注用的。

4)作为零件时不存在,但是装配后会存在的物体外形用双点画线表示,图 2-17 中左、中、右三个双点画线圆分别表达按钮的外形、印制电路板的外形、电位器的外形。

5)不是所有结构都必须表达出来。从图 2-19 所示面板反面的图可以看到,在四个角落上有一些结构,但它们没有在图样上用虚线表达出来,因为这些结构是购买来的面板成品本身就具有的,不会影响到面板的设计。

6)将面板背面结构及印制电路板形状、电位器形状、按钮形状画出来的原因,是因为它们有可能会相互干涉(碰撞)。例如电位器和按钮的安装中,左侧按钮的安装孔、其外部的双点画线都不能碰到虚线,否则面板孔加工或安装时会碰到内部结构;右侧电位器的安装孔、双点画线同样不能与虚线相碰,同样地,中心大圆的部分双点画线表达的是印制电路板的尺寸,它与电位器的双点画线圆不相交,即其安装时也不会相互干涉。

2.3.2 认识自攻螺钉

图 2-21 所示是自攻螺钉,在行业中也常称作自攻螺丝,这是一种尖头的螺钉,施工时钻孔、攻螺纹、固定、锁紧一次完成。通常需要在工件上预先开一个孔,图 2-17 中心直径为 2.2 mm 的孔就是为了安装一个自攻螺钉而预钻的孔。

2.3.3 认识热缩管

热缩管具有遇热收缩的特殊功能,加热即可收缩,使用方便。产品按耐温不同分为 85℃ 和 105℃ 两大系列,规格为 $\phi 2 \sim \phi 200$ mm。热缩管有多种材质和颜色,图 2-22 所示是电子制作中常用的 PE 材料热缩管。

图 2-21 自攻螺钉

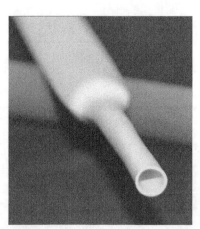

图 2-22 热缩管

[项目实施]

2.4 元器件清单

电子幸运转盘元器件清单见表 2-1。

表 2-1 电子幸运转盘元器件

序 号	标 号	型 号	数 量	元器件封装的规格
1	C1	0.1 μF	1	独石(RAD0.2)
2	C6	0.01 μF	1	独石(RAD0.2)
3	C2、C4	10 μF/25 V	2	CD11
4	C3	47 μF/25 V	1	CD11
5	D1~D10	红色 LED	10	3 mm 直插式

(续)

序 号	标 号	型 号	数 量	元器件封装的规格
6	K1	DS-428/427	1	无锁红色按钮
7	K2	SS-22D07	1	两极双位拨动开关
8	R1, R3	470 kΩ	2	RJ-0.25W（AXIAL0.4）
9	R2, R6	10 kΩ	2	RJ-0.25W（AXIAL0.4）
10	R4	5.1 kΩ	1	RJ-0.25W（AXIAL0.4）
11	R5	51 kΩ	1	RJ-0.25W（AXIAL0.4）
12	R7	470 Ω	1	RJ-0.25W（AXIAL0.4）
13	J1, K1	XH2.54	2	XH2.54-2 直针连接器
14	RP1	100 kΩ	1	WH148 单联电位器
15	RP1	XH2.54	1	3 脚直针连接器
16	U1	NE555	1	DIP-8（配插座）
17	U2	CD4017	1	DIP-16（配插座）
18	V1	2SC9013	1	TO-92
19		XH2.54 连接线	1	3P 单头镀锡，用于连接电位器
20		XH2.54 连接线	1	2P 单头镀锡，用于连接按钮
21		F2 机壳	1	115 mm×90 mm×55 mm，面板定制加工
22		电池盒	1	3 节 5 号电池盒
23		PCB	1	定制
24		M3×20 沉头螺钉	4	配套螺母、平垫、弹簧垫

参考表 2-2 进行元器件的识别与检测。

二维码 2-3
表 2-2 彩图

表 2-2 元器件识别与检测

序号	描 述	识别或检测方法
1	470 kΩ	黄紫黑橙棕
2	10 kΩ	棕黑黑红棕
3	5.1 kΩ	绿棕黑棕棕
4	51 kΩ	绿棕黑红棕

(续)

序 号	描 述		识别或检测方法
5	470 Ω		黄紫黑黑棕
6	3 节 5 号电池盒		
7	独石电容		引脚间距 5.08 mm
8	电解电容		较长引脚为正极，较短引脚为负极；电容体上黑色标志为负极
9	发光二极管		使用二极管测试档，红色表笔接较长引脚，黑色表笔接较短引脚，此时发光二极管应点亮，万用表显示的数值是二极管导通以后其两端的电压值

2.5 印制电路板识读

图 2-23 所示是电子幸运转盘的印制电路板图（PCB 图），仔细查看 PCB 图的元器件面与焊接面。彩图中红色的线是元器件面的连接线，而蓝色的线是焊接面的连接线。

图 2-24 和图 2-25 分别是电子幸运转盘元器件面和焊接面的 3D 视图，安装时注意参考。

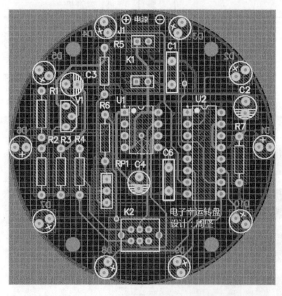

二维码 2-4
PCB 彩图

图 2-23 电子幸运转盘印制电路板图

图 2-24 PCB 元器件面安装 3D 视图

图 2-26 是电子幸运转盘的 PCB 实物图。

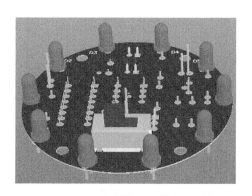

图 2-25　PCB 焊接面安装 3D 视图

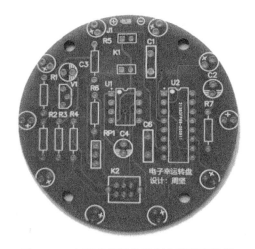

图 2-26　电子幸运转盘印制电路板实物图

2.6　电路安装

本电路安装的顺序为：电阻、集成电路（插座）、独石电容、XH2.54 插件、电解电容、拨动开关、发光二极管，其中拨动开关与发光二极管应安装在印制电路板的反面。

图 2-27 和图 2-28 所示是最终安装好的成品。

图 2-27　元器件面实物图

图 2-28　焊接面实物图

图 2-29 所示是安装好的成品，可见发光二极管有一小部分探出面板，安装时要注意所有发光二极管的上下位置须严格保持一致，其高度差不能超过 0.5 mm，否则安装在面板上后会看出高低位置严重不平。

需要注意发光二极管距离 PCB 底面的高度，不能拘泥于 3~5mm 这个标准，而应该根据拨动开关来定。安装时应令拨动开关的拨动手柄穿过面板上的方孔，而开关体留在面板之下，根据这个要求来确定发光二极管的安装高度。

按图 2-30 所示制作一根 3 线的 XH2.54 连接线,并将连接线与电位器连接好。连接时接线端子中心的线与电位器中间引脚相连,而另外两根线可以任意连接,在调试时根据实际情况再调整。

按图 2-31 所示,用一根成品的 2 芯 XH2.54 连接导线的一端接入按钮的两个引脚,接入时注意在上面套上热缩管,焊接好后用热风枪或者打火机令热缩管收缩,保护焊点。

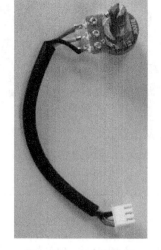
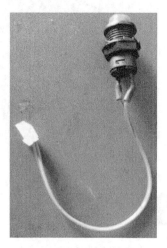

图 2-29　发光二极管伸出面板　　　图 2-30　电位器连接　　　图 2-31　按钮连接

2.7　电路调试

2.7.1　电源连接

本电路的工作电压范围比较宽,NE555 的工作电压是 4.5~15 V,CD4017 的工作电压是 3~15 V,因此,理论上工作电压可以在 4.5~15 V 之间选择,这里选 4.5 V 电压供电。可以通过一个图 2-32 所示的 3 节电池的电池盒为电路供电,在实训室中,通过稳压电源来供电。参考图 2-33 所示,将电池盒接入电路,然后用鳄鱼夹夹住电池盒的红、黑连线端来供电。

图 2-32　使用电池供电　　　　　　图 2-33　使用稳压电源供电

2.7.2 电路调试

断开电路连接,打开带有限流功能的稳压电源,将电压调整到 4.5 V。将限流电位器逆时针拧到底,此时输出电压为 0,短接输出端(注意:如果所用稳压电源没有限流功能,则不能短接),调节限流电位器,使电流表读数显示为 0.1 A,断开短路线,电压表输出恢复至 4.5 V。这样,即便出现意外情况,也可避免电流过大,为故障处理赢得时间。

使用万用表 $R\times10\,\Omega$ 电阻档测量 J1 端子的两端,保证电路不短路。接入电源,同时注意观察稳压电源自带的显示仪表,参考图 2-33,电压输出没有变化,而电流表显示值为 0.01 A。

将拨动开关拨至右侧,可以看到发光二极管转圈显示,每个 LED 都应依次点亮,旋转电位器手柄,发光二极管流动的速度应有明显变化。将拨动开关拨至左侧,此时应有一个 LED 点亮,其他不亮。按下 K1,LED 快速旋转显示,松开 K1,LED 并不立即停止流动,过一段时间后才停止流动。

在调试过程中要注意电位器的连线方法是否正确,当连接正确时,顺时针拧电位器,旋转速度应越来越快,逆时针拧电位器,旋转速度应越来越慢。如果发现反过来了,不要动电位器中间引脚上的线,将另两个引脚上的线交换一下即可。

2.8 整机装配

本项目配有外壳,电路板安装调试成功后,可以进行整机装配。图 2-34 所示是本机所用电位器,在它的右侧有一个定位柱,其用途是固定电位器,在面板上电位器安装孔边有一个定位孔。如果没有这样的定位柱,电位器旋钮转时,若固定螺母稍有松动,即会出现电位器跟着旋转的情况。图 2-35 所示是本机所用的按钮,这个按钮也是通过螺母来固定的。

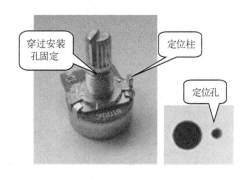

图 2-34 电位器

图 2-35 按钮

图 2-36 是将按钮和电位器分别装入面板的情形,安装电位器时注意定位柱要装入定位孔中。分别拧紧按钮与电位器紧定螺母。图 2-37 所示是将电池、电位器、按钮插头插入后的情形。

图 2-38 所示是使用彩色卡纸剪的指针,将指针用自攻螺钉拧入面板的中心孔中。为电位器装上电位器帽,用沉头螺钉固定电路板,图 2-39 所示是整体安装好的图。

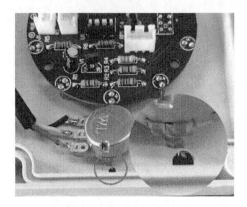

图 2-36 电位器定位柱装入定位孔

图 2-37 电路板接入插头

图 2-38 卡纸剪出的指针

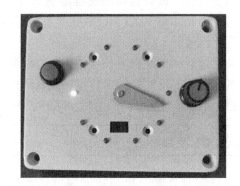

图 2-39 整体安装图

电位器帽安装看似简单，直接插入即可，但电位器帽上有标志线，因此并不能随意放置。否则电位器逆时针和顺时针拧到底时，电位器帽上标志线位置可能会与我们的日常认知严重不符。那么如何科学、快速地装好电位器帽呢？图 2-40a 是电位器帽安装图，电位器的有效旋转角度约为 300°，因此合适的安装方法是以纵轴为对称轴，把电位器逆时针与顺时针拧到底时，电位器帽上的标志线位置以纵轴为对称轴。安装时，将电位器先逆时针拧到底，然后插入电位器帽，注意此时电位器帽的标志线，应使其与纵轴夹角呈 30°。然后将电位器轴顺时针拧到底，观察标志线与纵轴的夹角，是否约为 30°。也可以用打印机打印出图 2-40b 所示的电位器帽标志线，并在圆心处开一个直径为 7mm 的孔，将其插入电位器，并将其位置放正，然后借助于位置 1 的辅助线插入电位器帽。

a) 电位器帽安装图

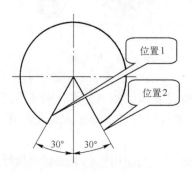

b) 电位器帽标志线

图 2-40 电位器帽的安装方法

[项目拓展] 探究"随机"

如何提高本电路的趣味性？幸运之说来自"随机"，也就是在松开按钮后再点亮的 LED 的数量是随机变化的，但往届同学们制作和使用过程中发现，这个幸运转盘有一定的"作弊"方法，即以某一个 LED 为参考，在它点亮后立即松手，最后 LED 停止的位置大致相同。这是什么原因，又如何避免这样的问题呢？

如何让手松开按钮后，LED 流过的数量是随机的呢？这个数量与手松开到晶体管 V1 关闭的时间有关。另外一条思路，就是让作弊者没有办法建立参考点，也就是当你心里想着要松开时，手还未及动作时，LED 却已流动显示过去了好多个，也就是 LED 流动的速度要够快。这同样涉及流动速度与哪些元器件有关的问题。

从字面上理解随机有随意、大概、差不多之意，但其实随机有着严格的数学定义，随机数在工程中有着重要的用途，请大家查找资料或请教数学老师，共同讨论一下随机的概念。

[项目评价]

项 目	配 分	评分标准	扣 分	得 分
焊接工艺	20	① 虚焊、漏焊、碰焊、焊盘脱落，每处扣 2 分，最多扣 6 分； ② 焊点表面粗糙、不光滑，有拉尖、毛刺、堆焊、焊点布局不均匀、夹渣，每处扣 1 分，最多扣 4 分； ③ 同类焊点大小明显不均匀，总体扣 3 分； ④ 表面不清洁，有大块焊剂或焊料残留，总体扣 3 分； ⑤ 焊接后的元器件引脚剪切不合理（过短、过长或长短不一），总体扣 2 分		
安装工艺	15	① 元器件标志方向、插装高度不符合工艺要求，每件扣 1 分，最多扣 3 分； ② 元器件引脚成形不符合工艺要求，每件扣 1 分，最多扣 3 分； ③ 元器件插装位置不符合要求，每件扣 1 分，最多扣 3 分； ④ 损坏元器件，每件扣 1 分，最多扣 4 分； ⑤ 整体排列不整齐，总体扣 2 分		
整机安装工艺	25	① LED 发光二极管顶部与面板距离超过规定要求，每个扣 1 分，最多扣 5 分； ② 电位器安装位置不正确，扣 5 分； ③ 按钮松动，扣 3 分； ④ 热缩管处理不正确，扣 2 分； ⑤ LED 流动速度不正确，扣 2 分； ⑥ 螺钉选择错误，扣 3 分		
功能调试	30	① 无任何 LED 显示，扣 30 分； ② 有显示无流动显示，扣 10 分； ③ 无法实现调速功能，扣 10 分； ④ 无法实现松开按钮后延时停止功能，扣 10 分		
安全文明操作	10	① 工作台上工具摆放不整齐，扣 1 分； ② 未按要求统一着装，仪容仪表不规范，扣 1 分； ③ 未能严格遵守安全操作规程，造成仪器设备损坏，扣 5~8 分		
总分	100			

项目 3　呼吸灯的装配与调试

[项目引入]

呼吸灯是灯光的一种变化状态的描述，它渐亮然后渐灭，不断循环，如同人的呼吸一样绵长顺滑，故有此名称。图 3-1 是某产品呼吸灯的工作状态截图。如何用电路来实现呼吸灯功能呢？让我们通过这个项目来学习吧。

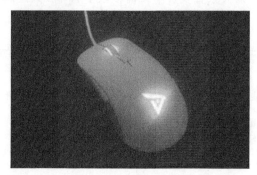

二维码 3-1　呼吸灯工作过程

图 3-1　产品中的呼吸灯工作状态

[项目学习]

3.1　基础知识

3.1.1　认识 LM358 集成电路

LM358 是双运算放大器，在一块 8 引脚芯片中封装了 2 个运算放大器，这种放大器具有极高的放大倍数、极高的输入阻抗等特点。图 3-2 所示是本项目中使用的双列直插封装 LM358，图 3-3 是 LM358 的引脚图，图中引脚 1、2 和 3 属于一个放大电路，引脚 5、6 和 7 属于另一个放大电路。引脚 3 和引脚 5 是同相输入端，引脚 2 和引脚 6 是反相输入端，而引脚 1 和 7 是放大电路的输出端。供电端是 8 脚 VCC 和 4 脚 VEE/GND。

图 3-2　双列直插封装 LM358

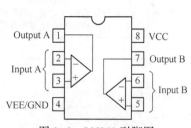

图 3-3　LM358 引脚图

3.1.2 认识 RM065 电位器

图 3-4 所示是电位器图形符号。常见的 RM065 电位器外观有蓝白、黑白等多种,有时人们也会根据颜色直接称其为蓝白电位器,根据安装方式又可分为插件、贴片等类型,而插件式可调电位器的引脚又有立式、卧式两种规格,图 3-5 所示是本项目中所用的电位器外形。

图 3-4 电位器图形符号　　　　图 3-5 RM065 电位器外形

3.1.3 认识 JK128 接线端子

图 3-6 所示是 3 芯的 JK128 接线端子外形,接线端子内置了簧片和螺纹结构,簧片焊接在印制电路板上,导线则通过螺纹结构压紧。

这种接线端子可连接的导线线径为 24-12AWG,耐压为 AC 2000 V/1 min,扭力矩为 0.4 N·m,剥线长度为 7 mm,接线端子间距为 5.0 mm 或 5.08 mm,图 3-7 所示是 JK128 的尺寸图,图中展示了两种尺寸,这两种尺寸都可以购买到,注意印制电路板设计与实物匹配。

 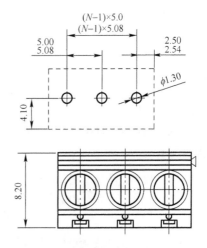

图 3-6 JK128 端子外形　　　　图 3-7 JK128 端子尺寸

JK128 端子两侧有凸起和沟槽,可以将多个端子拼接在一起,获得所需数量的端子排,而这些端子之间的间距都会保持不变,均为 5.0 mm 或者 5.08 mm。有 2 位和 3 位两种端子可供选择,可以拼出任意位数的端子排。

3.2 原理分析

3.2.1 电路分析

图 3-8 所示是呼吸灯的电路原理图。运算放大器 U1 及相关阻容元件组成三角波发生器，三角波从 U1 的 7 脚输出，通过晶体管 VT1 驱动 D1~D4 这 4 个发光二极管（LED），电阻 R7 是发光二极管的限流电阻。电阻 R2 和 R6 组成分压电路，这两个电阻的阻值相同，因此分压点电压为 1/2VCC，U1 的 2 脚和 5 脚接入分压点。

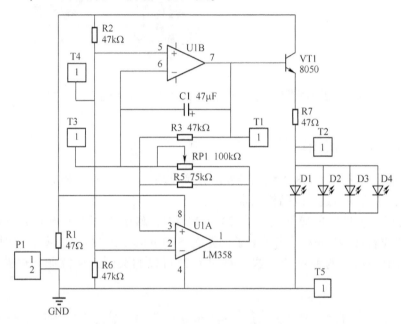

图 3-8　呼吸灯电路原理图

3.2.2 LED 渐亮渐灭的原理

为理解 LED 渐亮渐灭的工作原理，使用图 3-9 所示函数信号发生器送出三角波为 LED 供电。当三角波作为 LED 的供电电源时，流过 LED 的电流也会逐渐增大又逐渐减小，因此 LED 呈现渐亮又渐灭的状态。

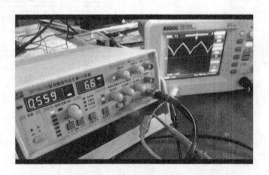

二维码 3-2 LED 渐亮渐灭原理

图 3-9　使用三角波为 LED 供电

3.2.3 周期信号

图 3-10 所示是周期信号图。周期信号是指瞬时幅值随时间重复变化的信号，常见的有正弦波、三角波及各种复合的波形，只要具有重复性，就是周期信号。

周期信号的重要参数之一是频率 f，频率 f 与周期 T 具有相关性，关系如下：

$$f=\frac{1}{T} \quad （单位 Hz）$$

即频率等于周期的倒数。

图 3-10 中①和②之间是一个完整的波形，它占用的时间就是周期信号的一个周期，符号是 T，单位是 s（秒）。

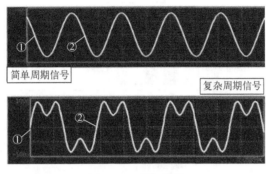

图 3-10 周期信号

[项目实施]

3.3 元器件清单

呼吸灯电路提供直插式电路及贴片式电路两种版本，它们的元器件均在表 3-1 中列出，查看时注意区分。

表 3-1 呼吸灯直插版及贴片版元器件

序 号	标 号	型 号	数 量	元器件封装的规格	
				直 插 版	贴 片 版
1	R1，R7	47 Ω	2	RJ-0.25W（AXIAL0.4）	0805
2	R2，R3，R6	47 kΩ	3	RJ-0.25W（AXIAL0.4）	0805
3	R5	75 kΩ	1	RJ-0.25W（AXIAL0.4）	0805
4	C1	47 μF/25 V	1	CD11	贴片电解电容
5	VT1	8050	1	TO-92	SOT23（J3Y）
6	D1~D4	红色 LED	4	3 mm 直插式	0805
7	RP1	100 kΩ	1	RM065 微调电位器	
8	U1	LM358	1	DIP-8（配插座）	SOP-8
9	P1	JK128-5.0	1	2 脚直针连接器	

(续)

序号	标号	型号	数量	元器件封装的规格	
				直插版	贴片版
10	T1~T5	单针	5	单排针截取	
11		PCB	1	定制	定制

参考表 3-2 进行元器件的识别与检测。

表 3-2 元器件识别与检测

序号	描述	识别检测	
1	47 Ω		黄紫黑金棕
2	47 kΩ		黄紫黑红棕
3	75 kΩ		紫绿黑红棕
4	发光二极管		使用数字万用表的"二极管"测量档,红、黑表笔分别接发光二极管的两个引脚。正常测试结果是:一次测试时发光二极管发光,此时万用表显示值为发光二极管的管压降;另一次发光二极管不亮,万用表显示为开路状态
5	8050 晶体管		使用数字万用表的 hFE 档,将晶体管的 e、b、c 三个引脚分别插入图示 NPN 插座相应位置,若显示值较大(100 以上),大致可以判断出晶体管是好的

3.4 印制电路板识读

图 3-11 是直插版呼吸灯印制电路板设计图,图 3-12 是直插版呼吸灯印制电路板实物图。

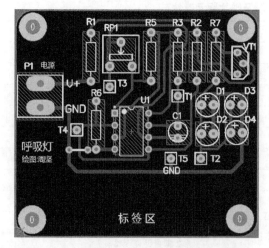

图 3-11 直插版呼吸灯印制电路板设计图

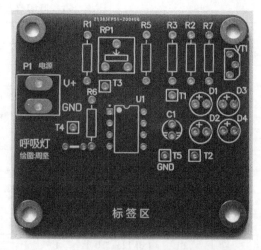

图 3-12 直插版呼吸灯印制电路板实物图

图 3-13 是贴片版呼吸灯印制电路板设计图，图 3-14 是贴片版呼吸灯印制电路板实物图。

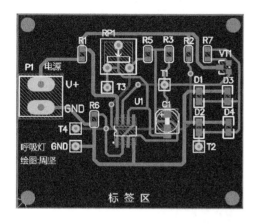

图 3-13　贴片版呼吸灯印制电路板设计图

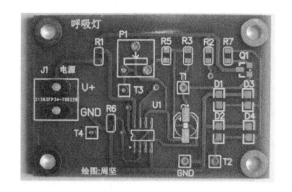

图 3-14　贴片版呼吸灯印制电路板实物图

电路制作前应将印制板电路板设计图及表 3-1 对照，保证元器件正确。

3.5　电路安装

图 3-15、图 3-16 所示分别是直插版和贴片版呼吸灯的 3D 视图，参考这两个图可以大致确定元器件高度，以便确定安装顺序。

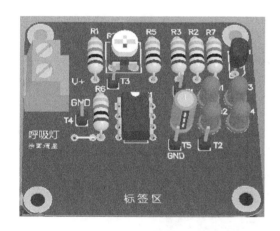

图 3-15　直插版呼吸灯 3D 视图

图 3-16　贴片版呼吸灯 3D 视图

直插版安装顺序：电阻、集成电路（插座）、晶体管、发光二极管、电解电容、连接器。安装时注意有一根跳线不要漏装。贴片版安装顺序与直插版相似，先装集成电路，再装贴片阻容元件。图 3-17 所示是装好的实物图。

图 3-18 所示是接线端子 P1 安装图，注意要将接线孔置于印制电路板的外侧。

a) 直插版　　　　　　　　　　　b) 贴片版

图 3-17　两种呼吸灯实物图

图 3-18　P1 安装位置

3.6　电路调试

3.6.1　电源连接

本电路的供电电压以 9～12 V 为宜，使用稳压电源供电。准备 2 根导线，剥出线头部分，接入 P1，然后用鳄鱼夹夹住线头，即可通电，图 3-19 所示是通电后效果图。

图 3-19　通电调试

3.6.2 电路调试

调试之前，先用万用表检测 P1 两端，保证电路没有短路的状况。

调试直插版呼吸灯时，先取下集成电路 U1，接通电源，使用万用表的电压档测试集成电路的供电电压，即红表笔接 8 脚，黑表笔接 4 脚，测试电压是否为 6 V，集成电路供电正常，断开电源，插入集成电路，再次开机。调试贴片版呼吸灯时，无法取下集成电路，必须由制作者保证电路安装正确，并在通电前反复检查。

通电后 LED 应有亮灭的变化，但效果不一定是最佳状态。调节 RP1，边调节边观察，使得 LED 的状态变化呈现"呼吸"状态，即慢慢点亮再慢慢熄灭。

[项目拓展] 探究 LED 混色使用

本电路中能否混合使用 4 种颜色的发光二极管？

分别取蓝色、绿色、白色的发光二极管与电路板上的发光二极管并联，看一看并联上去的发光二极管是否也同样发光？扫码查看二极管测试视频，讨论一下为什么。

[项目评价]

项 目	配 分	评 分 标 准	扣 分	得 分
焊接工艺	30	① 虚焊、漏焊、碰焊、焊盘脱落，每处扣 2 分，最多扣 10 分； ② 焊点表面粗糙、不光滑，有拉尖、毛刺、堆焊、焊点布局不均匀、夹渣，每处扣 1 分，最多扣 10 分； ③ 同类焊点大小明显不均匀，总体扣 3 分； ④ 表面不清洁，有大块焊剂或焊料残留，总体扣 3 分； ⑤ 焊接后的元器件引脚剪切不合理（过短、过长或长短不一），总体扣 2 分		
安装工艺	30	① 元器件标志方向、插装高度不符合工艺要求，每件扣 1 分，最多扣 5 分； ② 元器件引脚成形不符合工艺要求，每件扣 1 分，最多扣 5 分； ③ 元器件插装位置不符合要求，每件扣 2 分，最多扣 8 分； ④ 损坏元器件，每件扣 2 分，最多扣 10 分； ⑤ 整体排列不整齐，总体扣 2 分		
功能调试	30	① LED 不亮，扣 10 分； ② 通电后 LED 亮，无法熄灭，扣 10 分； ③ 渐亮渐灭速度无法调整，扣 10 分		
安全文明操作	10	① 工作台上工具摆放不整齐，扣 1 分； ② 未按要求统一着装，仪容仪表不规范，扣 1 分； ③ 未能严格遵守安全操作规程，造成仪器设备损坏，扣 5~8 分		
总分	100			

项目 4　电子大风车的安装与调试

[项目引入]

风车是孩子们童年的美好记忆，传统的风车采用机械结构，图 4-1 所示是一个典型的风车。现在让我们来做一个速度、花样都可以调整的电子风车。

图 4-1　生活中的风车

[项目学习]

4.1　基础知识

4.1.1　认识轻触开关

轻触开关由嵌件、基座、弹片、按钮、盖板等部分组成，图 4-2 所示是各种类型的轻触开关。轻触开关有接触电阻小、能够实现精确的操作、规格多样化等方面的优势，在电子设备及白色家电等方面得到广泛的应用。

轻触开关分成两大类：利用金属簧片作为开关接触片的称为轻触开关，接触电阻小、手感好，有清脆的"咔嗒"声；利用导电橡胶作为接触通路的开关习惯称为导电橡胶开关，开关手感好，但接触电阻大。轻触开关的结构是靠按键向下移动，使接触簧片或导电橡胶块接触焊片，形成通路。

图 4-2　各类轻触开关

4.1.2　认识 STC15W408AS 芯片

单片机又称微处理器，它不是完成某一个逻辑功能的芯片，而是把一个计算机系统集成到一个芯片上,相当于一个微型的计算机。概括来说就是一块芯片就成了一台计算机。它体积小、价格便宜,为学习、应用和开发提供了便利条件。

STC15W 系列芯片是兼容 80C51 内核的单片机,是高速/宽电压/低功耗的单片机,指令代码完全兼容传统 80C51,但速度快 8~12 倍。内部集成高精度 R/C 时钟(±0.3%),工作频率可以在 5~35 MHz 宽范围设置,可彻底省掉外部晶振和外部电路。

STC15W408AS 芯片有 SOP28、TSSOP28、SOP20、DIP20、SOP16、DIP16 等不同的封装,不同封装的芯片内核相同,引脚有区别。图 4-3 所示是 16 脚双列直插式 STC15W408AS 单片机芯片的外形图,图 4-4 所示是该芯片的引脚图。

图 4-3　STC15W408AS 双列直插芯片

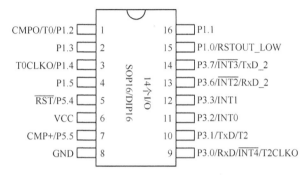

图 4-4　STC15W408AS 引脚图

4.1.3　认识多彩 LED

多彩 LED 发光基于三基色原理。图 4-5 所示是红(R)、绿(G)、蓝(B)三基色原理图,由这三种颜色经过不同组合可以得到其他颜色。例如红光和绿光同时点亮时,红绿两种光混合成黄色。图 4-6 所示是多彩 LED 的外形,其内置了三种颜色的 LED,它一共有 4 个引脚,其中 1 个是公共引脚,其他 3 个引脚分别是红、绿、蓝三色发光二极管的引脚。根据公共引脚的选取,多彩 LED 又分为共阳极和共阴极,共阳极是将三个发光二极管的阳极连在一起作为公共端引出,而共阴极则是将三个发光二极管的阴极连在一起作为公共端引出。

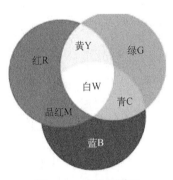

图 4-5　三基色原理

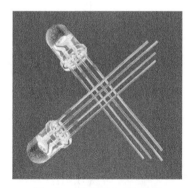

图 4-6　多彩 LED 的外形

4.2　原理分析

图 4-7 所示是电子大风车的完整原理图。

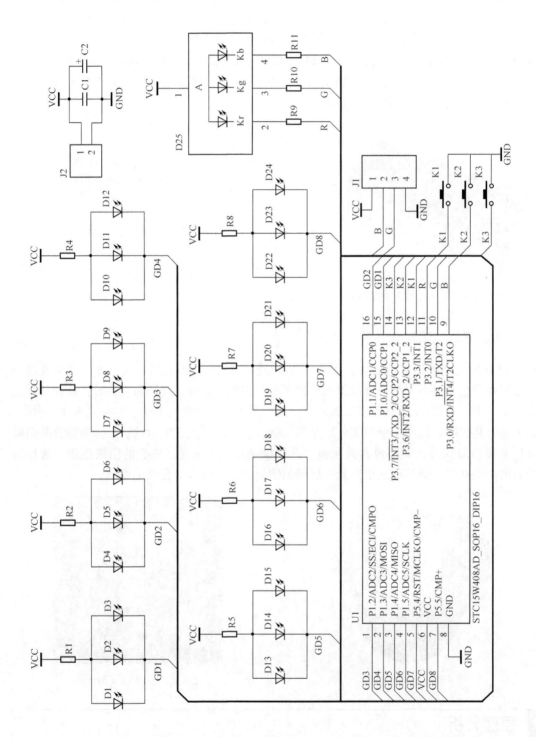

图 4-7 电子大风车原理图

4.2.1 单片机电路

图 4-8 是电子大风车中的单片机电路，STC15W408 单片机不需要外部晶振，也不需要复位电路，因此单片机仅需要两个供电电源端 VCC 和 GND（分别是其第 6 和第 8 脚）。J1 是四引脚端子，用于连接编程器，其第 2 和第 3 脚接单片机的 RXD 和 TXD。

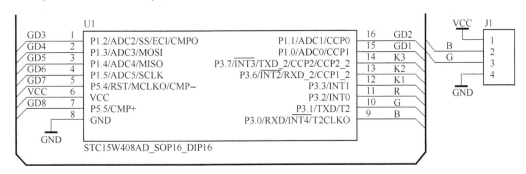

图 4-8　单片机电路

4.2.2 按键电路

图 4-9 所示是按键电路，按键的一端接地，另一端分别接单片机的 P3.3、P3.6 和 P3.7 引脚，图中使用的是标号方式，可对照图 4-8 一起查看。

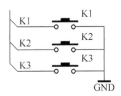

图 4-9　按键电路

4.2.3 LED 显示电路

图 4-10 所示是显示电路，用了 8 组共 24 个 LED，每 3 个 LED 并联，然后通过限流电阻接至 VCC 端。由于这里简化了 LED 连接方式，因此同组的 3 个 LED 必须颜色相同，而且最好是同批次产品，否则会出现亮度不一致的情况。D25 是多彩发光管，其中有 3 个不同灯芯且发光颜色不同，因此用了 3 个限流电阻接入单片机引脚。

4.3　关联知识

4.3.1 认识电子大风车面板

图 4-11 所示是电子大风车外壳面板的机械设计图。

1）图中心的 $\phi 5\,\mathrm{mm}$ 孔用于放置多彩 LED。
2）$3\times\phi 4.2\,\mathrm{mm}$ 的 3 个孔用于透过 3 个轻触按钮。
3）$24\times\phi 3\,\mathrm{mm}$ 用于放置 24 个 LED。

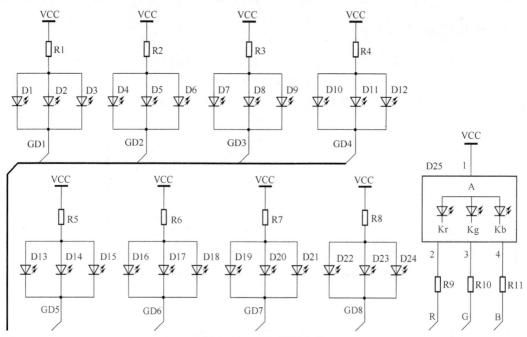

图 4-10　LED 显示电路

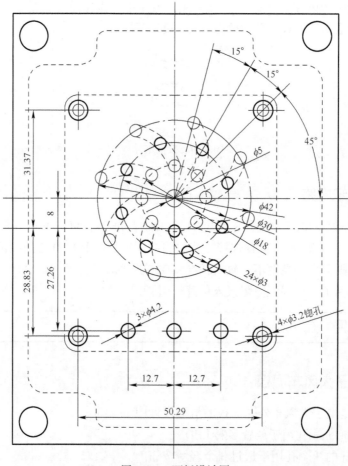

图 4-11　面板设计图

4) 每组 3 个发光二极管不是直线排列，而是旋转了 15°，参考图中 45°、15°、15° 三个，在 φ18、φ30 和 φ42 这三个同心上画出 3 个小圆。画出一组后，其他各组都可以由该组的 3 个圆围绕中心点旋转 45° 获得。

5) 尺寸 8 用来描述 3 个圆的圆心与面板中线之间的距离。

4.3.2 认识圆孔支柱垫圈

圆孔支柱垫圈用尼龙（一种塑料）制成，因此也常被称为尼龙柱。不过尼龙柱的品种很多，这种垫圈仅是其中的一种，它类似于能够指定高度的垫片。图 4-12 所示是垫圈实物图，而图 4-13 所示则是其对应的规格型号，由图可见这种垫圈的品种很丰富，一定范围内各种高度都可以买到。

φ3×φ7×2(100个)	φ3×φ7×3(100个)	φ3×φ7×4(100个)
φ3×φ7×5(100个)	φ3×φ7×6(100个)	φ3×φ7×7(100个)
φ3×φ7×8(100个)	φ3×φ7×8.5(100个)	φ3×φ7×9(100个)

图 4-12　圆孔支柱垫圈　　　　图 4-13　圆孔支柱垫圈的规格型号（单位为 mm）

[项目实施]

4.4 元器件清单

表 4-1 所示是电子大风车的元器件列表。

表 4-1　电子大风车元器件

序 号	标 号	型号/产品名称	数 量	元器件封装的规格
1	C1	0.1 μF 磁片电容	1	独石（RAD0.2）
2	C2	10 μF/16V	1	CD11
3	D1~D24	红色 LED	24	3 mm 直插式
4	D25	共阳多彩发光管	1	5 mm 直插式
5	J1	4 脚单排针	1	单排针
6	J2	XH2.54	1	2 脚直针连接器
7	K1, K2, K3	轻触式按钮	3	6 mm×6 mm，柄高 12 mm
8	R1~R8	470 Ω	8	RJ-0.25W（AXIAL0.4）
9	R9~R11	1 kΩ	3	RJ-0.25W（AXIAL0.4）
10	U1	STC15W408AS	1	DIP-16（配插座）
11		电池盒	1	3 节 5 号

(续)

序 号	标 号	型号/产品名称	数 量	元器件封装的规格
12		F3 防水盒定制	1	115 mm×90 mm×55 mm
13		尼龙柱	4	$\phi3\,mm×\phi7\,mm×9\,mm$
14		M3×20 沉头螺钉	4	配套螺母、平垫、弹垫
15		PCB	1	定制

4.5 印制电路板识读

图 4-14 和图 4-15 分别是电子大风车的印制电路板图及其实物图。对照印制电路板图及元器件清单，清点元器件。

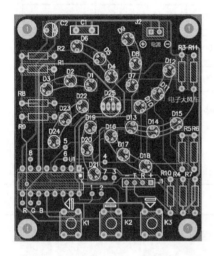

图 4-14　电子大风车印制电路板图

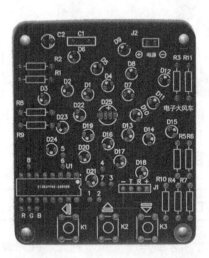

图 4-15　电子大风车印制电路板实物图

4.6 电路安装

图 4-16 所示是电子大风车电路的 3D 视图，从图中可以了解各元器件的高度，参考该图可以大致确定元器件高度，以便确定安装顺序。元器件安装顺序为电阻→磁片（独石）电容→集成电路（插座）→单排针（J1）→电解电容→3 mm 发光二极管→多彩发光管→按钮→接线端子。图 4-17 所示是电子大风车的实物图，图中 J1 没有安装，否则会影响整机装配高度。此端子用于单片机编程，项目提供的芯片中已写好程序，因此 J1 不安装，如果需要练习编程，可以将 J1 安装于焊接面。

安装时注意发光二极管的高度，应配合机壳安装，使得多彩发光管和 3 mm 发光二极管略探出面板一点点。按图 4-18a 所示在面板上拧入 4 个沉头螺钉，图 4-18b 所示是在螺钉上再拧一个螺母，图 4-18c 所示是使用游标卡尺作为辅助工具将 4 个螺母调至同一高度的情形。

项目 4　电子大风车的安装与调试

图 4-16　电子大风车电路 3D 图

图 4-17　电子大风车实物图

a) 拧入并固定沉头螺钉

b) 再拧入一个螺母

c) 4 个螺母调至同一高度

图 4-18　面板安装印制电路板的过程

在确定 4 个螺母高度以后，将尚未焊接 LED 的电路板装入机壳中，图 4-19a 所示 LED 的高度不同，所以露出面板孔的高度各不相同。使用螺母将电路板固定，然后将发光二极管推出，图 4-19b 所示是使各个 LED 露出部分高度相同的情形。

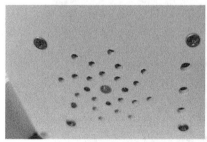

a) 初装电路板时 LED 高度不同

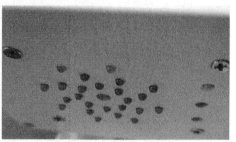

b) 将 LED 探出相同高度

图 4-19　确定 LED 安装高度

为每个 LED 焊好一个引脚，避免翻转时 LED 掉落。翻转面板，再次检查各个 LED，如果有高度明显不一致的，可以再次调整。由于此时 LED 只焊了一个引脚，因此调整起来比较方便。确定各 LED 高度一致以后，将 LED 另一个引脚焊好。

焊好 LED 后，将剩余的按钮等元器件焊接完成，其中电解电容 C2 和电源连接器 J2 需要安装在电路板的焊接面，否则无法装入机壳，图 4-20 所示是电路板的焊接面。

图 4-20　电子大风车电路板焊接面

4.7　电路调试

图 4-21 所示是使用 3 节电池的电池盒供电的情形，连接好后即可开始调试。

使用单片机的好处之一是几乎不需要调试即能正常工作，调试主要是测试各按钮功能是否与说明一致。

按钮 K1 的功能是模式切换。当前大风车的运行模式共有 4 种，分别是亮点正向旋转、亮点逆向旋转、暗点正向旋转、暗点逆向旋转。按下 K1，即可在这 4 种方式之间切换。

图 4-21　电子大风车调试

按钮 K2 的功能是加速,按下按钮即可加快风车旋转速度,直至几乎所有 LED 都同时微微发光,到达此状态后,再按 K2 就不起作用了。

按钮 K3 的功能是减速,按下按钮即可减慢风车旋转速度,同样也有一个慢速的极限。

[项目拓展] 探究运行模式

当前电子大风车的运行模式有 3 种,分别是单翅旋转、双翅旋转、单翅加速,请讨论运行模式实现的方法,设计出至少 2 种新的旋转模式并编程实现。

[项目评价]

项 目	配 分	评 分 标 准	扣 分	得 分
焊接工艺	20	① 虚焊、漏焊、碰焊、焊盘脱落,每处扣 2 分,最多扣 6 分; ② 焊点表面粗糙、不光滑,有拉尖、毛刺、堆焊、焊点布局不均匀、夹渣,每处扣 1 分,最多扣 4 分; ③ 同类焊点大小明显不均匀,总体扣 3 分; ④ 表面不清洁,有大块焊剂或焊料残留,总体扣 3 分; ⑤ 焊接后的元器件引脚剪切不合理(过短、过长或长短不一),总体扣 2 分		
安装工艺	15	① 元器件标志方向、插装高度不符合工艺要求,每件扣 1 分,最多扣 3 分; ② 元器件引脚成形不符合工艺要求,每件扣 1 分,最多扣 3 分; ③ 元器件插装位置不符合要求,每件扣 1 分,最多扣 3 分; ④ 损坏元器件,每件扣 1 分,最多扣 4 分; ⑤ 整体排列不整齐,总体扣 2 分		
整机装配工艺	25	① LED 顶部与机壳不平,每个扣 1 分,最多扣 10 分; ② 螺钉长度、型号选择不当,每个扣 2 分,最多扣 10 分; ③ 电池盒连接线制作错误扣 5 分		
功能调试	30	① LED 完全无法点亮扣 30 分; ② 按键盘不能操作扣 10 分; ③ LED 部分无法点亮,扣 2 分/个,最多扣 10 分		
安全文明操作	10	① 工作台上工具摆放不整齐,扣 1 分; ② 未按要求统一着装,仪容仪表不规范,扣 1 分; ③ 未能严格遵守安全操作规程,造成仪器设备损坏,扣 5~8 分		
总分	100			

项目 5　学生电源的安装与调试

[项目引入]

电源是学习电路必不可少的仪器之一，图 5-1 所示是学生在使用稳压电源调试电路。这种教学中使用的稳压电源体积大、价格高，学生个人难以配备。本项目制作一个电源，可以作为学生个人仪器使用，为电子作品提供电源。

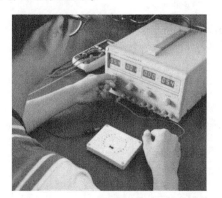

二维码 5-1　稳压电源使用

图 5-1　稳压电源使用

[项目学习]

5.1　基础知识

5.1.1　认识 LM317 集成电路

许多电路可以实现可调输出电压，其中较为简单的是使用 LM117/LM127/LM317 系列集成电路，这种集成电路具有如下一些特性：

- 输出电压范围：1.2~37 V。
- 输出电流可达 1.5 A。
- 完善的过电流、过热、输出短路等保护功能。

使用 LM317 系列集成电路设计稳压电源时，主要是根据输出电压、输出电流、稳压精度等要求，确定是否可以选用该集成电路以及选择合适的集成电路型号，再根据输出电压变化范围要求计算电路中可调电阻的取值，然后根据输入电压、工作电流，集成电路的耗散功率，采用类比的方式确定散热器。

图 5-2 所示是常用的 LM317 稳压集成电路的封装图及对应的引脚分布图，图中的 INPUT

是电源输入脚，OUTPUT 是输出脚，ADJ 是电源调整脚，它们的引脚序号分别是 3、2 和 1。本项目使用 TO-220 封装的芯片，这款芯片在市场上很容易购买。

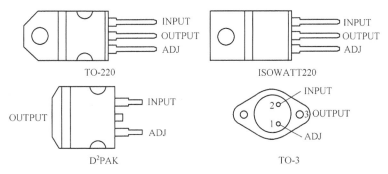

图 5-2　LM317 系列稳压集成电路封装及引脚分布图

图 5-3 所示是 LM317 稳压集成电路的典型应用电路图，由图可见，虽然这种稳压集成电路具有连续可调节的功能，但其使用并不复杂，V_i 是输入电压，接前级整流滤波电路，V_o 是输出电压，供后级电路使用。LM317 在输出端和调整端接入一个固定电阻和一个可调电阻，可以方便地更改输出电压。

图中，V_{REF} 是 LM317 内部的参考电压，该值在芯片制造时即已确定，按其数据手册规定，该值在 1.2~1.3 V 之间均为合格，典型值为 1.25 V。电阻 R_1 和 R_2 的比值决定了输出电压，它们的关系是：

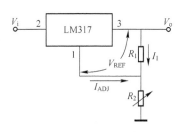

图 5-3　LM317 稳压集成电路典型应用电路图

$$V_o = V_{REF}\left(1+\frac{R_2}{R_1}\right)+I_{ADJ}\times R_2$$

典型的 I_{ADJ} 值小于 100 μA，因此，只要 R_2 的取值不太大，就可以将此式中的后一项忽略，即认为

$$V_o = V_{REF}\left(1+\frac{R_2}{R_1}\right)$$

R_2 一般取值可以是数百 Ω。

5.1.2　认识变压器

法拉第在 1831 年 8 月 29 日发明了一个"电感环"，称为"法拉第感应线圈"，实际上是世界上第一个变压器雏形，如图 5-4 所示。不过法拉第只是用它来示范电磁感应原理，并没有考虑过它可以有实际的用途。

变压器是利用电磁感应原理制成的静止用电器，由铁心（或磁心）和线圈组成，线圈有两个或两个以上的绕组，其中接电源的绕组叫一次线圈，其余的绕组叫二次线圈。图 5-5 所示是最简单的铁心变压器原理图，它由一个软磁材料做成的铁心及套在铁心上的两个匝数不等的线圈构成。

当变压器的一次线圈接在交流电源上时，在二次线圈产生感应电动势。变压器一、二次线圈电压有效值之比，等于其匝数比。进而得出：

$$U_1/U_2 = N_1/N_2$$

式中，U_1 是接入一次线圈的交流电压值；U_2 是二次线圈两端的电压值；N_1 是一次线圈匝数；N_2 是二次线圈匝数。

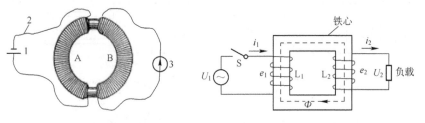

图 5-4　法拉第感应线圈　　　　图 5-5　铁心变压器工作原理

电子电路中常用的变压器类型很多，本项目使用的是图 5-6 所示的焊接式变压器，即该变压器的线圈引脚可以直接焊接在印制电路板上。从图 5-6 中可以看出，该变压器有红色和蓝色两个线圈，在红色线圈一端有两个引脚，它是一次线圈的两个接入端。蓝色线圈端有 4 个引脚，这个变压器有 2 个完全相同的二次线圈，两个线圈共 4 个接线端，通过这 4 个引脚接出。

图 5-6　焊接式变压器

二维码 5-2　焊接式变压器外形图

5.2　原理分析

学生电源由电源板和电压测量板两个独立部分组成，电源板实现可调电源功能，电压测量板则实测输出电压值并显示出来。

5.2.1　电源电路分析

图 5-7 所示是电源板的电路图。图中，T1 是变压器，这是一个带中心抽头的变压器，P1 是接线端子，接入 220 V 电源，经变压器 T1 变换后得到 12 V 交流电压。经 D1 和 D2 整流后得到脉动直流电，经电容 C1 和 C2 滤波后得到平滑的直流电。集成电路 U1 的型号是 LM317T，它与 R1、R2 及电位器 W1 共同组成电压调整电路。电容 C3 和 C4 是输出滤波电容，P3 是输出接线端子。

U2 是 MC78L05CP 集成电路，这是一个固定输出的稳压电路，输出电压固定为 5 V。P2 用于和电压测量板连接，为电压测量板提供 5 V 供电电压，同时将 U1 输出电压送入电压测量板。

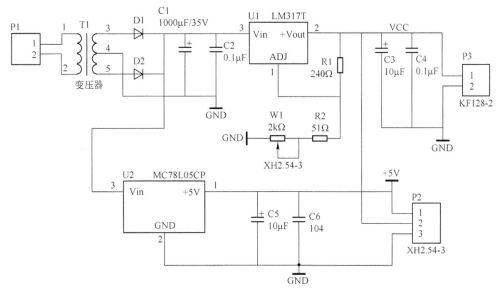

图 5-7 电源板电路图

5.2.2 电压测量电路分析

图 5-8 是电压测量电路的原理图,这是一个使用单片机 STC15W408AS 制作而成的电压表,图中 LED1 是一个 4 位 LED 数码管,数码管用来显示电压值。J1 用来与电源电路板的 P2 相连,J1 的 2 脚接入被测电压,由于 U1 的引脚最高输入电压不能超过其供电电压,因此通过电阻 R9 和 R10 分压后接入到芯片。D1 是一个标称值为 5.1 V 的稳压二极管,用来保护集成电路,避免输入电压意外升高时,集成电路输入端电压过高而损坏。

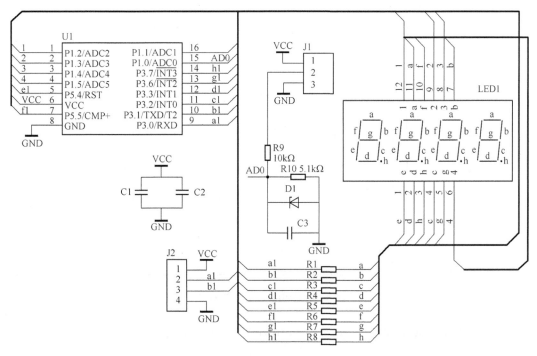

图 5-8 电压测量电路原理图

5.3 关联知识

5.3.1 面板机械图识读

本项目被安装在防水盒中，图 5-9 所示是面板设计图。

1）图中宽 51.5 mm、高 19.4 mm 的矩形是面板上开的方形孔。

2）图中"2×φ6.2"表示 2 个圆孔的直径均为 6.2 mm，这是用来安装两个接线端子的孔。

3）图中"4×φ3.2"表示 4 个同心圆孔中的小孔直径均为 3.2 mm，锪孔表示一种加工方法，其作用是加工出一个沉孔，由于加工出的沉孔直径取决于钻头，所以这里没有标注同心圆中大孔的直径。这 4 个孔用来安装电压测量电路板。

4）"φ7"和其上方的"φ3"表示直径分别为 7 mm 和 3 mm 的两个孔，这是用来安装电位器的圆孔。

5）四个角上的同心圆是机壳购买来时就有的结构，不是需要加工的尺寸，所以不标注尺寸。

6）图中"59.18""30.1"等尺寸由印制电路板上的孔位置决定，而印制电路板设计时主要考虑电子元器件布局、线路走线等电气因素，没有刻意考虑机械尺寸的取整。

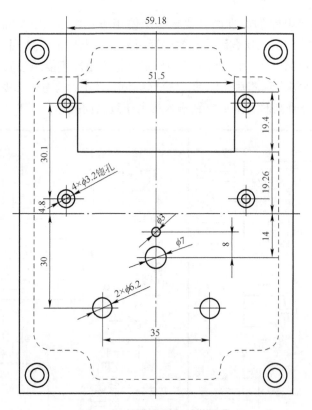

图 5-9　学生电源面板设计图

以上所有表达形体的外形可以参考图 5-10 和图 5-11 所示的实物图来看。

图 5-10　面板加工后的正面图　　　图 5-11　面板加工后的背面图

5.3.2　认识防水等级

电子测量仪器的防水等级反映了仪器防潮和防尘的能力，特别是户外活动中，免不了处于高湿或多尘沙的恶劣环境中，仪器的密封和防水能力对于保证仪器的安全运转和寿命就至关重要。为此，国际上制订了 IEC 529 标准，规定防水等级如下。

0：没有保护；
1：水滴滴入到外壳无影响；
2：当外壳倾斜到 15°时，水滴滴入到外壳无影响；
3：水或雨水从 60°角落到外壳上无影响；
4：液体由任何方向泼到外壳没有影响；
5：用水冲洗无任何伤害；
6：可用于船舱内的环境；
7：可于短时间内耐浸水（1m）；
8：可于一定压力下长时间浸水。

例如，图 5-12 所示是某三防手机说明书的一部分，其中三防标准中的 IP68 就是防水等级说明，它表示该手机可在一定压力下长时间浸水而不损坏。

电子产品的防水方法有很多种，图 5-13 所示是工业界常用的防水盒的防水设计，在盒盖上有一个槽，该盒配套有防水胶条，将防水胶条嵌入槽中，安装时，盒子上的凸起与胶条压紧，即可避免水进入盒子内部。

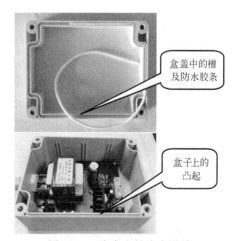

图 5-12　某三防手机的说明书　　　图 5-13　防水盒的防水设计

5.3.3 认识防水接头

如果盒子需要接入电线，就不能完全封闭盒子，这时可以使用防水接头接入。图 5-14 所示是防水接头的外形，图 5-15 是防水接头拆开后的内部结构。

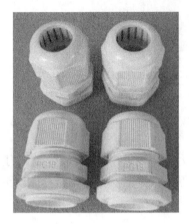

图 5-14 防水接头外形

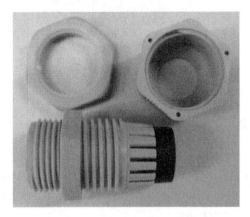

图 5-15 防水接头内部结构

图 5-16 所示是防水接头的内部结构图，图 5-15 与图 5-16 相比没有配置垫片，其他部件都有，其中图 5-15 中的黑色部分是图 5-16 中的夹紧圈，其外部是夹紧爪。将电线穿入孔中，压紧迫紧螺母，即可将线材压紧，起到防水作用。不过，如果有多根线材，靠这样的方法并不能保证线材之间没有缝隙，所以要真正起到防水作用，通常还需要打上防水胶。本项目中仅是借用防水盒来安装电路，并没有防水要求，因此安装时就不打防水胶了。

a) 螺母　　　b) 垫片　　　c) 本体　　　d) 夹紧圈　　　e) 夹紧爪　　　f) 迫紧螺母

图 5-16 防水接头的内部结构

5.3.4 认识散热器

功率器件在工作时通常会发热，以本项目中用到的 LM317 为例，当输入电压为 15 V，输出电压为 3 V 时，LM317 两端的电压为 12 V，如果此时工作电流为 300 mA，LM317 的耗散功率达 3.6 W，该功率的绝大部分都以热量的形式散发出来，器件的温度不断上升，当温度达到一定程度时，器件就不能正常工作甚至被烧毁，因此，使用功率器件时通常必须加上散热器帮助器件进行散热。散热器是金属的，有较好的热传导性，功率器件与散热器紧密接触，将热量传导到散热器上，散热器通常有较大的表面积，可以更有效地将热量散发到周围环境中去。通常，同等条件下散热器越大，散热效果就越好。

小型散热器（或称散热片）由铝合金板料经冲压工艺及表面处理制成，它们有各种形状及尺寸供不同器件安装及不同功耗的器件选用。散热器的表面经过电泳涂漆或黑色阳极氧化处理，其目的是提高散热效率及绝缘性能。

散热器厂家对不同型号的散热器给出热阻值或给出有关曲线,并且给出在不同散热条件下的不同热阻值,可根据参数进行选用。但实际工作中,在要求不是很高的情况下,往往通过参考设计的方式根据经验来确定散热器。

图 5-17 所示是几种适用于 TO-220 封装器件的散热器,散热器上有螺纹孔,并且螺纹孔到底面的距离是固定的。而螺纹孔上方的长度则随型号不同而变化,长度越长,散热效果越好,因此,根据经验在初步选定散热器型号以后,如果实际使用中发觉散热效果尚不能满足要求,可以通过选择更长一些的型号,而不必修改印制电路板。当然,如果相差太远,那就必须重新设计了。

图 5-17 几种用于 TO-220 封装器件的散热器

[项目实施]

5.4 元器件清单

本项目有两块电路板,分别是电源电路板和电压测量电路板,下面分别列表说明。

5.4.1 电源电路板元器件

表 5-1 所示是学生电源项目中电源电路板的元器件列表。

表 5-1 电源电路板元器件

序 号	标 号	型号/产品名称	数 量	元器件封装的规格
1	C1	1000 μF/35 V	1	CD11
2	C2、C4、C6	0.1 μF	3	MLCC-63V(RAD0.2)
3	C3、C5	10 μF/25 V	2	CD11
4	D1、D2	1N4007	2	DO-41(直插)
5	W1	2 kΩ	1	WH148 电位器(配旋钮帽)
6	P2	XH2.54	2	3 脚直针连接器
7	P3	JK128-5.0	1	2 脚直针连接器
8	R1	240 Ω	1	RJ-0.25W(AXIAL0.4)
9	R2	51 Ω	1	RJ-0.25W(AXIAL0.4)
10	T1	5 V·A 变压器	1	立式王字 40 mm×34 mm×30 mm
11	U1	LM317T	1	TO-220

(续)

序号	标号	型号/产品名称	数量	元器件封装的规格
12	U2	MC78L05CP	1	TO-92A
13		F3 防水盒	1	115 mm×90 mm×55 mm 定制加工
14		XH2.54 连接线	2	3P 单头镀锡
15		防水接头	1	PG7
16		JS910B 插座	1	红色
17		JS910B 插座	1	黑色
18		香蕉头转鳄鱼夹	1	带线，红黑双色一体
19		PCB	1	定制

5.4.2 电压测量板元器件

表 5-2 所示是学生电源项目中电压测量板元器件列表。

表 5-2 电压测量板元器件

序号	标号	型号	数量	元器件封装的规格
1	C1	10 μF/25 V	1	CD11
2	C2、C3	0.1 μF	2	MLCC-63V（RAD0.2）
3	D1	5.1 V 稳压管	1	DO-35
4	J1	XH2.54-3	1	3 脚直针连接器
5	J2	4 脚单排针	1	4 直针，单排针截取
6	LED1	SMA410564L	1	0.56 in 4 位共阳数码管
7	R1~R8	100 Ω	8	RJ-0.25W（AXIAL0.4）
8	R9	10 kΩ	1	RJ-0.25W（AXIAL0.4）
9	R10	5.1 kΩ	1	RJ-0.25W（AXIAL0.4）
10	U1	STC15W408AS 定制	1	DIP-16（配插座）
11		PCB	1	定制

5.4.3 元器件的识别与检测

参考表 5-3 识别及检测元器件。

二维码 5-3
表 5-2 彩图

表 5-3 元器件识别与检测

序号	描述	识别检测	
1	51 Ω		绿棕黑金棕
2	10 kΩ		棕黑黑红棕

（续）

序号	描述	识别检测	
3	5.1 kΩ		绿棕黑棕棕
4	100 Ω		棕黑黑黑棕
5	240 Ω		红黄黑黑棕
6	1N4007 整流二极管		使用万用表的二极管检测档，红表笔接阳极，黑表笔接阴极，此时万用表显示的数值是二极管的导通电压。将表笔交换，万用表显示.0L
7	SMA410564L 4位共阳数码管		红表笔接12脚，黑表笔依次接a、b、c、d、e、f、g、h各引脚，观察第一个数码管笔段点亮情况。依次更换红表笔至9、8和6脚，可以分别点亮其他位置数码管的笔段
8	5.1 V 稳压管		（1）识读：在稳压管的管体上有5V1的字符；稳压管黑色为阴极 （2）检测：使用万用表二极管测试档可测试其是否具有二极管特征，但不能测出其稳压性能
9	JS910B 接线柱及 配套连接线		这种接线柱有孔，可以插入香蕉插头，有螺纹结构，可以拧下端子帽直接接入导线

5.5 印制电路板识读

本项目需要使用两块电路板，分别是电源电路板和电压测量电路板。

5.5.1 认识电源电路板

图5-18和图5-19所示是电源电路板的印制电路板图和实物视图，对照原理图可找到元器件对应的位置。

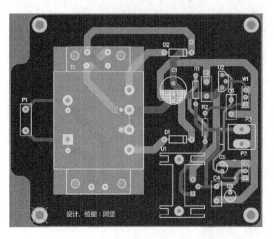
图 5-18　电源板印制电路板图

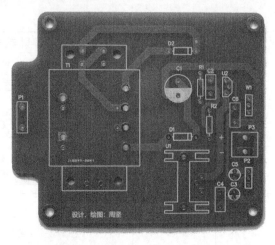
图 5-19　电源板印制电路板实物图

5.5.2　认识电压测量电路板

图 5-20 和图 5-21 所示是电压测量电路板的印制电路板图和 3D 视图，对照原理图可找到元器件对应的位置。注意图 5-21 中数码管是安装在印制电路板的反面（焊接面）。

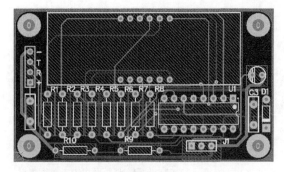
图 5-20　电压测量板印制电路板图

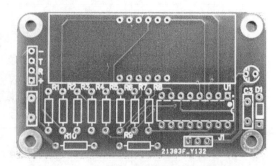
图 5-21　电压测量板印制电路板实物图

5.6　电路安装

5.6.1　安装与制作

1）电源板安装：参考图 5-22，认清各元器件位置。先安装二极管、电容，随后安装电解电容、连接器、接线端子，最后安装变压器。

2）电压测量板：参考图 5-23，先安装电阻、集成电路插座，随后安装电容、接线端子，最后安装数码管。注意数码管的安装位置应在焊接面。

5.6.2　整机装配

安装好电源板并且通过调试后，将电源板放置于机壳内，注意按图 5-24 所示放置。电源板在设计时已测量好尺寸，板上所开孔与机壳内的安装位置对应，使用自攻螺钉拧紧固定即可。

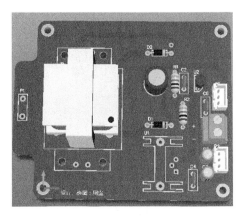

图 5-22　电源板 3D 视图

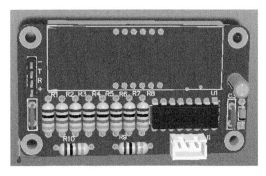

图 5-23　电压测量板 3D 视图

图 5-24　电源板装配

电压测量板安装于机壳的面板上，图 5-25 是将其安装时置入沉头螺钉的情形。先按图 5-26 所示，在每个螺钉上拧上一个螺母到底板，将螺钉固定。

图 5-25　每个孔中置入一个沉头螺钉

图 5-26　用螺母将螺钉固定于底板上

图 5-27 是双螺母定位的局部放大图，在每个螺钉上再拧上一颗螺母，并且调整其高度，将电压测量板置于其上，反过面来观察数码管是否与面板齐平，以此为据调整第二颗螺母的位置。图 5-28 所示是安装电路板，并加上平垫、弹簧垫，用螺母拧紧的情形。

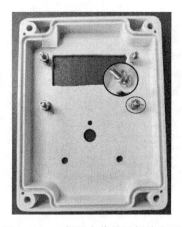 

图 5-27 双螺母定位的局部放大图　　　　图 5-28 安装电路板

按图 5-29 所示装上电位器，注意电位器的定位柱插入上方的小孔中。安装接线柱，使用铜端子接出连接线。图 5-30 是面板安装图，使用沉头螺钉固定电压测量板，垫上 $\phi 3\text{ mm} \times \phi 7\text{ mm} \times \phi 8\text{ mm}$ 的尼龙柱，装入电压测量板，此时电压测量板的数码管与机壳面板基本持平。

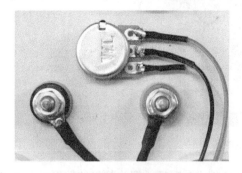 

图 5-29 接线柱及电位器安装　　　　图 5-30 面板安装

图 5-31 所示是完成安装，用连接线将电源板及电压测量板连接起来的情形。

图 5-31 学生电源内部结构

5.7 电路调试

5.7.1 电源板调试

将电源连接线接入 220 V 电源,使用万用表检测输出电压,调整电位器,输出电压应在 1.2~12 V 之间变化,通常这个上限电压还会更高一些,这是允许的,但是不应更小。

5.7.2 电压测量板调试

图 5-32 所示是测量输出电压的情形,电压测量板只要安装正确,不需要调试,直接将电压测量板接入电源板,即可显示电源板的输出电压值。

图 5-32 测量输出电压

[项目拓展] 探究增大输出电流

本电源能提供的电流较小,约为 300 mA,如果要提供更大的电流,可以怎么做?

电源的输出能力取决于电路的各个元器件,其中最为重要的是变压器和 LM317 两个器件,其他还包括连接线的粗细、接线端子的电流通过能力等,这些部件都较好处理。当前项目中用的变压器是 5 V·A 变压器,其交流输出电压值为 12 V,因此理论上其输出电流的最大值约为 400 mA。其中电压测量板需消耗 70~80 mA 的电流,加上其他消耗,这个电源的输出能力约为 300 mA。

如果需要提供更大电流,那么就需要提供更大的变压器,这可行吗?

除了变压器之外,LM317 也是需要考虑的,因为所有电流都要流过 LM317,那么 LM317 是否允许通过大电流呢?

当变压器增大以后,它是否还能够安装入现在的盒子中?

[项目评价]

项　目	配　分	评 分 标 准	扣　分	得　分
焊接工艺	20	① 虚焊、漏焊、碰焊、焊盘脱落，每处扣 2 分，最多扣 6 分； ② 焊点表面粗糙、不光滑，有拉尖、毛刺、堆焊、焊点布局不均匀、夹渣，每处扣 1 分，最多扣 4 分； ③ 同类焊点大小明显不均匀，总体扣 3 分； ④ 表面不清洁，有大块焊剂或焊料残留，总体扣 3 分； ⑤ 焊接后的元器件引脚剪切不合理（过短、过长或长短不一），总体扣 2 分		
安装工艺	15	① 元器件标志方向、插装高度不符合工艺要求，每件扣 1 分，最多扣 3 分； ② 元器件引脚成形不符合工艺要求，每件扣 1 分，最多扣 3 分； ③ 元器件插装位置不符合要求，每件扣 1 分，最多扣 3 分； ④ 损坏元器件，每件扣 1 分，最多扣 4 分； ⑤ 整体排列不整齐，总体扣 2 分		
整机装配工艺	25	① 电压测量板与面板不齐平，扣 5 分； ② 电位器松动、跟转，扣 5 分； ③ 输出接线端子安装不牢，扣 5 分； ④ 电位器电压调整方向不符合常规，扣 5 分； ⑤ 螺钉选择错误，每个扣 1 分，最多 5 分		
功能调试	30	① 无电压输出，扣 15 分； ② 不能实现电压可调输出，扣 5 分； ③ 电压表无显示，扣 15 分； ④ 电压值显示值与实测值偏差过大，扣 5 分		
安全文明操作	10	① 工作台上工具摆放不整齐，扣 1 分； ② 未按要求统一着装，仪容仪表不规范，扣 1 分； ③ 未能严格遵守安全操作规程，造成仪器设备损坏，扣 5~8 分		
总分	100			

项目 6　整流滤波电路的安装与调试

[项目引入]

生活中使用的是交流电,但是很多设备都需要使用直流电,那么怎么才能把交流电变成直流电呢?图 6-1 是一种将交流电变为直流电的专用设备。本项目就来研究这种交流电变成直流电的工作原理。

二维码 6-1
整流滤波

图 6-1　将交流电变为直流电的设备

[项目学习]

6.1 基础知识

6.1.1 晶体二极管整流电路

把交流电转换成直流电的过程称为整流。利用晶体二极管的单向导电性把单相交流电转换成直流电的电路称为二极管单相整流电路,它有单相半波整流、单相全波整流和倍压整流等电路。

1. 单相半波整流电路

图 6-2a 是单相半波整流电路图,电路由电源变压器 T、整流二极管 V 和负载电阻 R_L 组成。图 6-2b 是单相半波整流电路的工作波形,U_2 是变压器输出电压,V_L 是负载两端电压,I_L 是流过负载的电流。

半波整流输出的电压或电流用半波脉动直流电压或电流的平均值表示。理论和实验都证明,负载两端电压 U_L 与变压器二次电压有效值 U_2 的关系是:

$$U_L = 0.45 U_2$$

流过负载的电流 I_L 是

$$I_L = \frac{U_L}{R_L} = \frac{0.45 U_2}{R_L}$$

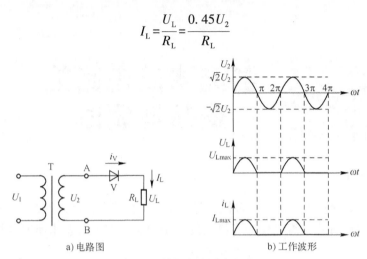

图 6-2 单相半波整流电路

由电路图可知,流过整流二极管的正向工作电流 I_V 和流过负载 R_L 的电流 I_L 相等,即

$$I_V = I_L = \frac{0.45 U_2}{R_L}$$

当二极管截止时,它承受的反向峰值电压 U_{RM} 是 U_2 的最大值,即

$$U_{RM} = \sqrt{2} U_2 \approx 1.41 U_2$$

2. 单相全波整流电路

(1) 变压器中心抽头式单相全波整流电路

图 6-3a 是变压器中心抽头式单相全波整流电路图,图 6-3b 是该电路的工作波形。图中电源变压器 T 的二次绕组有中心抽头,在 AC 和 BC 两绕组中可得到两个大小相等而相位相反(相位差 180°)的交流电压 U_{2a} 和 U_{2b},图中 V_1 和 V_2 是两个整流二极管,R_L 是负载电阻。

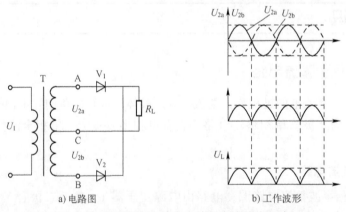

图 6-3 变压器中心抽头式单相全波整流电路

全波整流电路的输出电压比半波整流电路的输出电压增加一倍,即

$$U_L = 0.9 U_2$$

式中,U_L 是负载上获得的全波脉动直流电压的平均值;U_2 为变压器二次绕组两个部分各自交流电压的有效值,即 $U_2 = U_{2a} = U_{2b}$。

负载上的电流 I_L 是

$$I_L = \frac{U_L}{R_L} = \frac{0.9U_2}{R_L}$$

在全波整流电路中,两个二极管是轮流导通的,因此每个二极管的平均电流只是负载电流的一半,即

$$I_V = \frac{1}{2}I_L$$

当一个二极管导通时,另一个二极管截止的半周内,截止管所承受的反向峰值电压为变压器二次侧两个绕组总电压的峰值,即

$$U_{RM} = 2\sqrt{2}U_2 \approx 2.82U_2$$

(2) 桥式单相全波整流电路

图 6-4a 是桥式单相全波整流电路图,简称桥式整流电路。它由四个接成桥式的整流二极管 $V_1 \sim V_4$ 和电源变压器 T 组成,R_L 是负载电阻。图 6-4b 是该电路的工作波形。

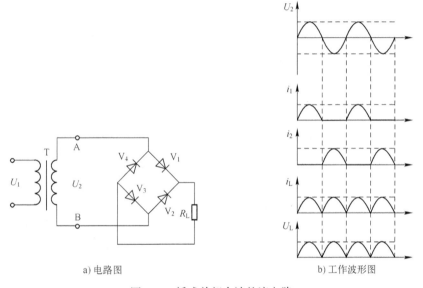

a) 电路图　　　　　　　　　b) 工作波形图

图 6-4　桥式单相全波整流电路

很多场合,习惯上把变压器中心抽头式全波整流电路简称为全波整流电路,而把桥式单相全波整流电路简称为桥式整流电路,实质上它们虽结构不同但都属于全波整流电路。

桥式全波整流电路和变压器中心抽头式全波整流电路在负载 R_L 上得到的都是全波脉动直流电,波形是一样的,所以负载上电压和电流计算公式是一样的,即

$$U_L = 0.9U_2, \quad I_L = \frac{U_L}{R_L} = \frac{0.9U_2}{R_L}$$

桥式整流电路中,每个二极管在电源电压变化一周内只有半个周期导通,因此,每个二极管的平均电流是负载电流的一半,即

$$I_V = \frac{1}{2}I_L$$

桥式全波整流电路与变压器中心抽头全波整流电路相比,使用的整流二极管多了一倍,但二极管承受的反向峰值电压低了一半,而且变压器不需要中心抽头,因而获得广泛的应用。

图 6-5 是桥式整流电路的简化画法图。由于桥式整流电路应用广泛，因此半导体器件生产商经常将四个二极管封装在一起，构成桥式整流模块来销售。图 6-6 就是市场上几种常见的桥式整流器件。

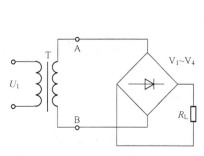

图 6-5 桥式整流电路的简化画法

图 6-6 几种常见的整流器件

6.1.2 滤波电路

二极管整流电路输出的是脉动直流电压，其极性方向虽然不变，但它的值是波动的，即平滑性差。这种电路用于对直流电压平滑性要求不高的场合（例如电镀、电解等设备的供电）是可以的，而在有些设备中，如电子仪器、自动控制设备等，则要求直流电压的大小必须非常平滑稳定。为了获得平滑的直流电压，需要在整流电路和负载之间接入能把脉动直流电中脉动成分滤掉的电路，这种电路称为滤波电路，又称为滤波器。常见的滤波器有电容滤波器、电感滤波器和复式滤波器等。

电容滤波器实质上是一个与整流电路负载电阻并联的电容。图 6-7a 是具有电容滤波器 C 的半波整流电路。图 6-7b 所示是负载 R_L 两端电压 U_L 的波形，虚线部分的波形表示未加滤波器时的半波脉动直流电压波形；实线部分是负载并联电容滤波器后，脉动程度减小、比较平滑的直流电压波形。

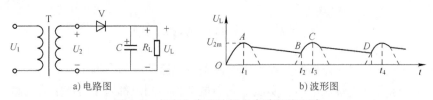

图 6-7 具有电容滤波器的半波整流电路

电容滤波在全波整流电路中的工作原理与半波整流电路中的工作原理是一样的，不同点是全波整流输出电压是全波脉动直流电，无论 U_2 在正或负半周，电路中总有二极管导通，即在一个周期内 U_2 对电容 C 充电两次，电容向负载放电的时间缩短了。图 6-8 所示是输出电压波形，可见其波形变得更加平滑。

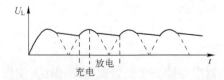

图 6-8 全波整流电路电容滤波输出波形

滤波电容 C 的容量选择与电路中的负载电流 I_L 有关，当负载电流加大后，要相应地增大电容量。表 6-1 列出的数据，供选用时参考。另外，选择滤波电容还应注意它的耐压值要大于负载开路时整流电路的输出电压。

表 6-1 滤波电容的选择

输出电流 I_L/A	2	1	0.5~1	0.1~0.5	0.05~0.14	0.05 以下
电容容量 C/μF	4000	2000	1000	500	200~500	200

6.2 原理分析

图 6-9 所示是整流滤波电路的完整原理图，该电路由正负电源电路、可变滤波负载电路、三端稳压电路及晶体管稳压电路等部分组成。

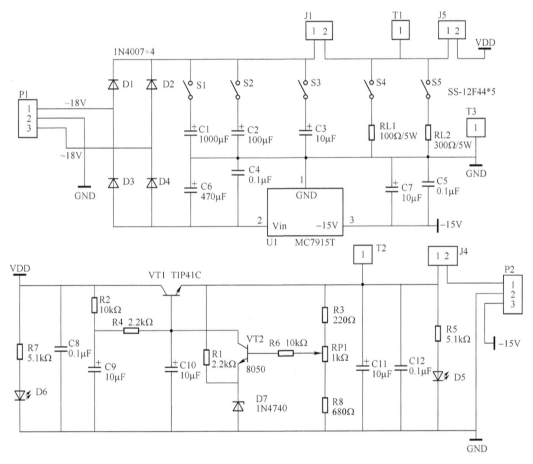

图 6-9 整流滤波电路

6.2.1 整流电路

本电路既使用了带抽头的变压器，又使用了桥式整流电路。图 6-10 所示带抽头的变压器的 3 个输出端由 P1 接线端子接入电路，其中心抽头接地，而另两个抽头接入四个二极管组成的桥式整流电路，这样做的目的是获得正负电源。图 6-10 中 VDD 为正电源，而 VEE 为负电源。

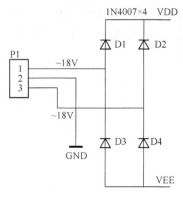

图 6-10　得到正负电源的整流电路

6.2.2　可变滤波、负载电路

图 6-11 所示是可变滤波及负载电路，本电路的滤波电路设置了 3 个不同容量的电解电容，分别是 1000μF、100μF 和 10μF，这 3 个电容分别通过拨动开关 S1、S2 和 S3 接入电路。滤波电路有两个负载电阻 RL1 和 RL2，分别是 100Ω 和 300Ω，通过拨动开关 S4 和 S5 分别接入。这样，学习时可以通过拨动开关接入不同的滤波电容及负载电阻的组合来观察不同参数时的滤波效果。

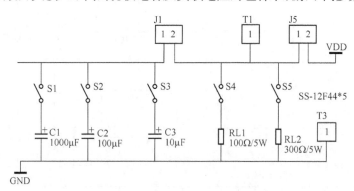

图 6-11　可变滤波及负载电路

图中 J1 和 J5 是电路的断路点，由 2 个单排针构成，J1 断开时，所有负载都不接入电路，J1 可用于电流测试。J5 决定了这个滤波电路的输出是否接入晶体管稳压电路，以避免晶体管稳压电路影响整流滤波电路的实验效果。

6.2.3　三端稳压电路

图 6-12 所示是三端稳压电路，这是一个 -15 V 输出的电路，这个电路用于配合晶体管稳

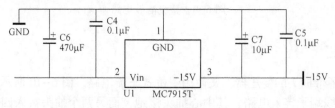

图 6-12　三端稳压电路

压电路，使本电路输出+15 V 及-15 V 电压，这样该电路不仅具有实验效果，还有一定的实用价值，可以为需要双电源的电路供电。

6.2.4 晶体管稳压电路

图 6-13 是晶体管稳压电路，用于学习经典的晶体管稳压电路的工作原理。当图 6-11 中的 J5 短接时，VDD 由整流滤波电路接入，按电路参数，空载时该电压约为 25 V。图 6-13 中 VT1 的型号为 TIP41C，作为电压调整管使用。

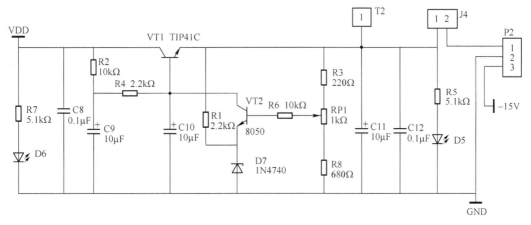

图 6-13 晶体管稳压电路

[项目实施]

6.3 元器件清单

如表 6-2 所示是整流滤波电路的元器件列表。

表 6-2 整波滤波电路元器件

序 号	标 号	型 号	数 量	元器件封装的规格
1	U1	MC7915T	1	TO-220
2	RL1	100 Ω	1	5 W 水泥电阻
3	RL2	300 Ω	1	5 W 水泥电阻
4	R1、R4	2.2 kΩ	2	RJ-0.25W（AXIAL0.4）
5	R2、R6	10 kΩ	2	RJ-0.25W（AXIAL0.4）
6	R5、R7	5.1 kΩ	2	RJ-0.25W（AXIAL0.4）
7	R3	220 Ω	1	RJ-0.25W（AXIAL0.4）
8	R8	680 Ω	1	RJ-0.25W（AXIAL0.4）
9	RP1	1 kΩ	1	3362 微调电位器
10	C4、C5、C8、C12	0.1 μF	4	MLCC-63V（RAD0.2）
11	C1	1000 μF/35 V	1	CD11

（续）

序号	标号	型号	数量	元器件封装的规格
12	C2	100 μF/35 V	1	CD11
13	C3，C7，C9，C10，C11	10 μF/35 V	5	CD11
14	C6	470 μF/35 V	1	CD11
15	D1，D2，D3，D4	1N4007	4	DO-41（直插式）
16	D5，D6	红色 LED	2	3 mm 直插式
17	D7	1N4740	1	DO-41（10V/1W 稳压管）
18	VT1	TIP41C	1	TO-220
19	VT2	2SC8050	1	TO-92
20	J1，J4，J5	单排 2 针	3	单排针截取
21	T1，T2，T3	单排 1 针	3	单排针截取
22	P1，P2	JK128-5.0	2	3 脚直针连接器
23	S1~S5	SS-12F44	5	单刀双掷拨动开关
24		PCB	1	定制

6.4 印制电路板识读

图 6-14 是整流滤波电路的印制电路板图，本电路采用单面布线。遇到单面布线时一定要注意电路中是否有跳线，图 6-14 的 C4 和 C6 之间有一根跳线，D7 和 VT1 之间有一根跳线。图 6-15 是整流滤波电路的 3D 视图，对照该图及元器件列表 6-2，认清各元器件。

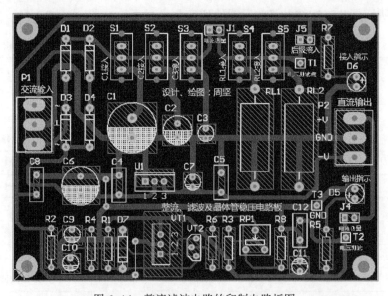

图 6-14　整流滤波电路的印制电路板图

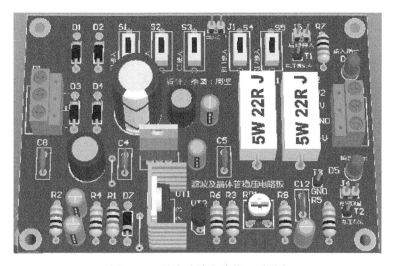

图 6-15　整流滤波电路的 3D 视图

6.5　电路安装

安装顺序：跳线、电阻、电容、晶体管、发光二极管、电解电容、接插件。安装接插件时注意要将插件的接线孔置于印制电路板的外面。图 6-16 所示是安装好的电路板。

图 6-16　安装好的电路板

6.6　电路调试

安装与调试本电路的目的是学习整流滤波相关知识，重点在于仪器仪表的使用。图 6-17 所示是电路板与变压器的连接方式，通过一个 10 W、双 18 V 输出的变压器与电路板相连，其中中间抽头接电路板的地。使用示波器观察波形，注意 Y 轴输入使用"交流"耦合方式。断开所有滤波电容,即开关 S1、S2 和 S3 拨于上方后用示波器观察到图 6-18 所示波形。

图 6-17　变压器与电路板连接　　　　　图 6-18　全波整流波形

将开关 S1 拨于下方、S4 拨于下方后得到图 6-19 所示波形,此时 1000 μF 滤波电容接入电路,负载电阻 330 Ω 接入,图中 Y 轴刻度为 5 mV/div;将 S2 拨于下方、S5 拨于下方,即将 100 μF 滤波电容接入电路、将 100 Ω 负载电阻接入电路时测到图 6-20 所示的波形,此时的 Y 轴刻度为 100 mV/div。

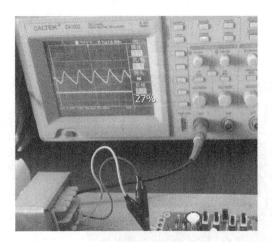

图 6-19　大滤波电容小负载时的波形　　　　图 6-20　小滤波电容大负载时的波形

图 6-21 所示是晶体管稳压电路部分,调试时应先用短路帽短接 J1 和 J5,并将开关 S1 拨至下方,将 1000 μF 电容接入电路。这样该部分电路得到供电,即可进行调试。用万用表测量输出电压,调节 RP1,使其输出为 15 V。

图 6-21　晶体管稳压电路

接入图 6-22 所示的 BC1 型 100 Ω/25 W 大功率可调电阻盘,并串联一个 10 Ω/10 W 的水泥电阻,在不同的负载下测量输出电压,测试该电路的稳压特性。

图 6-22 用于测试稳压电源的负载电阻

拔去 J4 上的短路帽,接入电流表,调整负载,记录测量数据。

(1) 输出电压为 15 V 时

电流为 50 mA 时,输出电压为＿＿＿＿；电流为 100 mA 时,输出电压为＿＿＿＿；电流为 200 mA 时,输出电压为＿＿＿＿。

(2) 输出电压为 10 V 时

电流为 50 mA 时,输出电压为＿＿＿＿；电流为 100 mA 时,输出电压为＿＿＿＿；电流为 200 mA 时,输出电压为＿＿＿＿。

1) 短接 J1,断开 J5,即保证晶体管稳压电路不接入。将开关 S3 和 S4 拨至接入位,即将电容 C3 和负载电阻 RL1 接入电路,观察输出点 T1 点的波形,在表 6-3 中绘制波形图并写入相关参数(注意参数需有单位)。测量此时的 T1 点电压为＿＿＿＿。

表 6-3 测量结果一

波　形	波形的峰-峰值	波形的周期
	示波器 Y 轴量程档位	示波器 X 轴量程档位

2) 短接 J1,断开 J5,即保证晶体管稳压电路不接入。将开关 S3 和 S5 拨至接入位,即将电容 C3 和负载电阻 RL2 接入电路,观察输出点 T1 点的波形,在表 6-4 中绘制波形图并写入相关参数(注意参数需有单位)。测量此时的 T1 点电压为＿＿＿＿。

表 6-4　测量结果二

波　形	波形的峰-峰值	波形的周期
	示波器 Y 轴 量程档位	示波器 X 轴 量程档位

3）短接 J1，断开 J5，即保证晶体管稳压电路不接入。将开关 S2 和 S4 拨至接入位，即将电容 C2 和负载电阻 RL1 接入电路，观察输出点 T1 点的波形，在表 6-5 中绘制波形图并写入相关参数（注意参数需有单位）。测量此时的 T1 点电压为_____。

表 6-5　测量结果三

波　形	波形的峰-峰值	波形的周期
	示波器 Y 轴 量程档位	示波器 X 轴 量程档位

4）短接 J1，断开 J5，即保证晶体管稳压电路不接入。将开关 S2 和 S5 拨至接入位，即将电容 C2 和负载电阻 RL2 接入电路，观察输出点 T1 点的波形，在表 6-6 中绘制波形图并写入相关参数（注意参数需有单位）。测量此时的 T1 点电压为_____。

表 6-6　测量结果四

波　形	波形的峰-峰值	波形的周期
	示波器 Y 轴 量程档位	示波器 X 轴 量程档位

[项目拓展] 探究供电异常情况

在实践中,有同学为晶体管三端稳压电路加上了 15 Ω 的负载,然后测量到输出电压跌落很多,于是认为这个晶体管稳压电路的性能不算好。请问这种说法对吗?当稳压电源输出跌落多时,应该测量哪些参数以便做出判断?

注意带负载测试过程中变压器、晶体管 VT1 的温度变化情况,如果 VT1 的温度变得很高,可以采取哪些措施?如果让你利用网络来解决这个问题,你觉得应该用什么作为关键词进行搜索?实际做一做,记录你解决问题的过程。

[项目评价]

项 目	配 分	评 分 标 准	扣 分	得 分
焊接工艺	30	① 虚焊、漏焊、碰焊、焊盘脱落,每处扣 2 分,最多扣 10 分; ② 焊点表面粗糙、不光滑,有拉尖、毛刺、堆焊、焊点布局不均匀、夹渣,每处扣 1 分,最多扣 10 分; ③ 同类焊点大小明显不均匀,总体扣 3 分; ④ 表面不清洁,有大块焊剂或焊料残留,总体扣 3 分; ⑤ 焊接后的元器件引脚剪切不合理(过短、过长或长短不一),总体扣 2 分		
安装工艺	30	① 元器件标志方向、插装高度不符合工艺要求,每件扣 1 分,最多扣 5 分; ② 元器件引脚成形不符合工艺要求,每件扣 1 分,最多扣 5 分; ③ 元器件插装位置不符合要求,每件扣 2 分,最多扣 8 分; ④ 损坏元器件,每件扣 2 分,最多扣 10 分; ⑤ 整体排列不整齐,总体扣 2 分		
功能调试	30	① 整流滤波电路无输出,扣 10 分; ② 无法实现晶体管稳压功能,扣 10 分; ③ 无法输出 -15 V,扣 10 分		
安全文明操作	10	① 工作台上工具摆放不整齐,扣 1 分; ② 未按要求统一着装,仪容仪表不规范,扣 1 分; ③ 未能严格遵守安全操作规程,造成仪器设备损坏,扣 5~8 分		
总分	100			

项目 7　OTL 功放的安装与调试

[项目引入]

功率放大器简称功放,一般特指音响系统中一种最基本的设备,俗称"扩音机",它的任务是把来自信号源(传声器/收音头/调音台/线路输出)的微弱电信号进行放大以驱动扬声器发出声音。图 7-1 所示是某功放的外形。本电路通过对一个简单 OTL 电路的安装与调试了解这类电路的特点。

二维码 7-1
认识功放

图 7-1　功放外形

[项目学习]

7.1　基础知识

功放是各类音响器材中最大的一个家族,其作用主要是将音源器材输入的较微弱信号进行放大后,产生足够大的电流,推动扬声器进行声音的重放。

按功放中功放管导电方式的不同,可以分为:甲类功放,也称 A 类功放;乙类功放,也称 B 类功放;甲乙类功放,也称 AB 类功放;丁类功放,也称 D 类功放。

甲类功放是指在信号的整个周期内(正弦波的正负两个半周),放大器的任何功率输出元器件都不会出现电流截止(即停止输出)的一类放大器。甲类放大器工作时会产生高热,效率很低,但固有的优点是不存在交越失真。单端放大器都是甲类工作方式,推挽放大器可以是甲类,也可以是乙类或甲乙类。

乙类功放是指正弦信号的正负两个半周分别由推挽输出级的两"臂"轮流放大输出的一类放大器,每一"臂"的导电时间为信号的半个周期。乙类放大器的优点是效率高,缺点是会产生交越失真。

甲乙类功放界于甲类和乙类之间,推挽放大的每一个"臂"导通时间大于信号的半个周期而小于一个周期。甲乙类放大有效解决了乙类放大器的交越失真问题,效率又比甲类放大器高,因此获得了极为广泛的应用。

丁类功放也称数字式放大器，利用极高频率的转换开关电路对音频电路进行"采样"，将音频信号的幅值变化转变为开关信号的脉宽变化，然后利用开关电路放大这些开关信号，最后通过滤波电路还原音频信号。这类放大器具有效率高、体积小的优点，在手机等便携式数字设备中有着广泛应用。

OTL 电路为推挽式无输出变压器功率放大电路。通常采用单电源供电，从两组串联的输出中点通过电容耦合输出信号，省去输出变压器的功率放大电路通常称为 OTL 电路。

7.2 原理分析

图 7-2 所示是 OTL 功放电路。图中 VT3 是激励放大管（也称末前级放大管），它给功率放大输出级以足够的推动信号；RP1、R3、R4 是 VT3 的偏置电阻；R1、R2、RP3 是 VT3 的集电极负载电阻；VT1 和 VT2 是互补对称推挽功率放大管，组成功率放大输出级；C1 是输入耦合电容；C4 是 VT3 射极旁路电容，用于提高交流放大倍数；C6 是输出耦合电容，并充当 VT2 回路直流电源，它的容量较大，常选在几百至几千微法之间，R1 和 C2 组成"自举电路"。

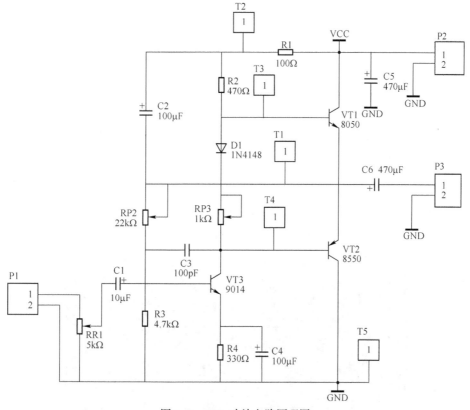

图 7-2　OTL 功放电路原理图

[项目实施]

7.3 元器件清单

如表 7-1 所示是 OTL 功放电路的元器件列表。

表 7-1　OTL 功放电路元器件

序号	标号	数量	型号	元器件封装的规格
1	R1	1	100 Ω	RJ-0.25W（AXIAL0.4）
2	R2	2	470 Ω	RJ-0.25W（AXIAL0.4）
3	R3	1	4.7 kΩ	RJ-0.25W（AXIAL0.4）
4	R4	1	330 Ω	RJ-0.25W（AXIAL0.4）
5	RP1	1	5 kΩ	WH148 单联电位器
6	RP2	1	22 kΩ	RM065 微调电位器
7	RP3	1	1 kΩ	RM065 微调电位器
8	C1	1	10 μF/25 V	CD11
9	C2、C4	2	100 μF/25 V	CD11
10	C5、C6	2	470 μF/25 V	CD11
11	C3	1	100 pF	MLCC-63V（RAD0.2）
12	VT1	1	2SC8050	TO-92
13	VT2	1	2SC8550	TO-92
14	VT3	1	2SC9014	TO-92
15	D1	1	1N4148	DO-35
16	P1~P3	3	JK128-5.0	2 脚直针连接器
17	T1~T5	5	测试针	单排针剪取
18		1	PCB	定制

7.4　印制电路板识读

图 7-3 所示是 OTL 功放电路的印制电路板图，图 7-4 是印制电路板实物图，图 7-5 所示是安装 3D 视图。对照几个图及表 7-1，识别各个元器件。

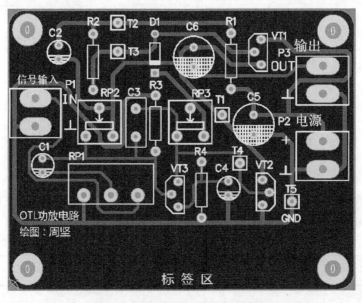

图 7-3　OTL 功放电路印制电路板

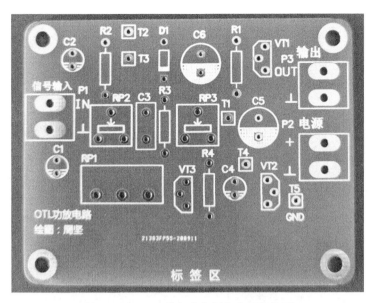

图 7-4　OTL 功放电路印制电路板实物图

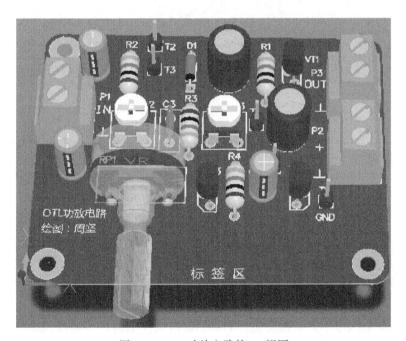

图 7-5　OTL 功放电路的 3D 视图

7.5　电路安装

在印制电路板上找到相对应元器件的位置,根据孔距、电路和装配方式的特点,将元器件引脚成形,进行元器件插装。插装的顺序为:先低后高、先小后大、先里后外、先轻后重、先卧后立,前面工序不影响后面的工序,并且要注意前后工序的衔接。本制作中安装顺序为电阻→磁片（独石）电容→可调电阻→晶体管→电解电容（按钮）→接线端子→电位器RP1。

插件装配应美观、均匀、端正、整齐，不能倾斜，高低有序。所有元器件的引线与导线均采用直脚焊，在焊面上剪脚留头大约1 mm，焊点要求圆滑、无虚焊、无毛刺、无漏焊、无搭锡。图7-6是安装好的OTL功放电路实物图。

图7-6　OTL功放电路实物图

7.6 电路调试

本电路的供电电源范围较大，但本项目使用的功放管功率较小，因此，作为学生的实践训练，这里使用6 V电源，如果有可以限流的直流电源，将电流限定为不超过100 mA。

1) 中点电位（VT1与VT2的连接点电位）为VCC/2，调整RP2使中点电位为VCC/2。

2) 调节VT1与VT2的集电极电流，这里通过直接测量总的工作电流的方法来调试，避免断开印制电路板的麻烦。调节RP3，一边调节，一边观察电流表的指示，使电流指示为30~60 mA即可。

调试时要注意电流可能会急剧变化，如果不加限制，电流很容易超过200 mA，由于晶体管未加散热器，会烧坏晶体管；如果用了有限流功能的电源，电压会下降甚至将输出电压降为0，因此调试时需要不断调节RP3将电流降下来。

中点电压及VT1集电极电流在调整时，会相互影响，中点电压调好后再调集电极电流时，中点电压会发生变化，需要反复调整几次才行。

在P3接线端子接入扬声器或者8 Ω/1 W假负载，使用信号发生器输出的峰-峰值为20 mV、1 kHz正弦波，接入P1，观察输出点的波形，调节电位器，使输出幅度最大，在表7-2中绘制波形图并写入相关参数（注意参数需有单位）。

表 7-2 测量结果一

波　形	波形的峰–峰值	波形的周期
	示波器 Y 轴 量程档位	示波器 X 轴 量程档位

调节信号发生器输出幅值，观察输出点的波形，直到输出刚刚出现失真，在表 7-3 中绘制波形图并写入相关参数（注意参数需有单位）。

表 7-3 测量结果二

波　形	波形的峰–峰值	波形的周期
	示波器 Y 轴 量程档位	示波器 X 轴 量程档位

[项目拓展] 探究中点电压

OTL 电路的中点电压调节很重要，那么如果中点电压不是 VCC/2 又会有什么结果呢？动手设计一个实验，研究中点电压不在 VCC/2 时的情形。提示，可以从静态（未接入输入信号）和动态（接入输入信号）两个角度来分析。

[项目评价]

项　目	配　分	评分标准	扣　分	得　分
焊接工艺	30	① 虚焊、漏焊、碰焊、焊盘脱落，每处扣 2 分，最多扣 10 分； ② 焊点表面粗糙、不光滑，有拉尖、毛刺、堆焊、焊点布局不均匀、夹渣，每处扣 1 分，最多扣 10 分； ③ 同类焊点大小明显不均匀，总体扣 3 分； ④ 表面不清洁，有大块焊剂或焊料残留，总体扣 3 分； ⑤ 焊接后的元器件引脚剪切不合理（过短、过长或长短不一），总体扣 2 分		

(续)

项　目	配　分	评分标准	扣　分	得　分
安装工艺	30	① 元器件标志方向、插装高度不符合工艺要求，每件扣1分，最多扣5分； ② 元器件引脚成形不符合工艺要求，每件扣1分，最多扣5分； ③ 元器件插装位置不符合要求，每件扣2分，最多扣8分； ④ 损坏元器件，每件扣2分，最多扣10分； ⑤ 整体排列不整齐，总体扣2分		
功能调试	30	① 无法实现放大功能，扣15分； ② 无法实现调节音量功能，扣15分		
安全文明操作	10	① 工作台上工具摆放不整齐，扣1分； ② 未按要求统一着装，仪容仪表不规范，扣1分； ③ 未能严格遵守安全操作规程，造成仪器设备损坏，扣5~8分		
总分	100			

项目 8　声控楼道灯的安装与调试

[项目引入]

晚上回家,走到漆黑的楼道时,你会怎么做?跺一下脚?吹一声口哨?灯一下就亮了,这是为什么呢?图 8-1 是声控灯测试的情景。

图 8-1　声控灯测试

你注意过白天的情况吗?让我们来做一个声光控楼道灯,再来研究一下白天究竟能不能触发灯?什么是最有效的触发方式?

[项目学习]

8.1　基础知识

8.1.1　认识单向晶闸管

晶体闸流管简称为晶闸管,也叫可控硅,是一种具有三个 PN 结的功率半导体器件。图 8-2 所示是常见的晶闸管,有塑封式、陶瓷封装式、金属壳封装式和大功率螺栓式等形状。

图 8-2　常见晶闸管的外形

晶体闸流管可分为单向晶闸管、双向晶闸管、可关断晶闸管等多种。单向晶闸管的三个电极是:阳极 A、阴极 K、门极 G,本项目中使用到的晶闸管型号为 MCR100,图 8-3 所示是其图形符号及引脚对应关系。

a) 引脚图　　b) Altium Designer软件中图形符号　　c) 国标中图形符号

图 8-3　MCR100 单向晶闸管的引脚及图形符号对应关系

　　单向晶闸管具有如下特性：①正向阻断特性。当门极无信号时，晶闸管虽加有正向阳极电压，但不导通；②导通工作特性。当门极加以正向电流时，晶闸管会在较低的正向阳极电压下导通。器件一旦导通，门极将失去作用，即无论有无正向控制电压，晶闸管始终处于导通状态。要使晶闸管关断，就必须降低正向阳极（A-K 之间的）电压，使器件的正向电流小于维持电流，或施加反向阳极电压；③反向阻断特性。当晶闸管加以反向电压时，不会导通，处于反向阻断状态。

二维码 8-2
晶闸管知识

　　使用晶闸管的伏安特性，可将其用作可控交流开关，利用小的门极电流控制大的整流电路的工作电流。

　　以上是晶闸管理想状态下的工作特性，实际使用时还需要考虑耐压、散热等各类具体的参数。

8.1.2　认识熔丝

　　熔丝又称熔断体，其主要是起过载保护作用。电路中的熔丝，会在电流异常升高时，温度急剧升高，自身熔断以切断电路，保护电路安全运行。图 8-4 所示是电路中常用的各种熔丝，这些熔丝有些可以直接焊接于电路板上，有的需要使用管座来安装，以便更换熔丝管。

图 8-4　各类熔丝（管状熔丝、带引线熔丝、片状熔丝、自恢复熔丝）

　　管状熔丝在使用时需要用管座，图 8-5 所示是常见的几种熔丝管座。本项目中用到的是图中的 BLX-A 型熔丝管座，这种管座可直接焊接于印制电路板上。

图 8-5　用于放置管状熔丝的管座

8.1.3　晶体管放大电路

　　当电信号微弱时，可以通过放大电路将电信号放大。电信号的参数有电压、电流和功率三种，图 8-6a 所示是共发射极放大电路，这是一种常用的电压信号放大电路，电信号从 C1 左侧输入，从 C2 右侧输出。图 8-6b 所示是该电路的工作波形，从图中可以看到，幅度较小的信号经过电路以后幅度变大了。

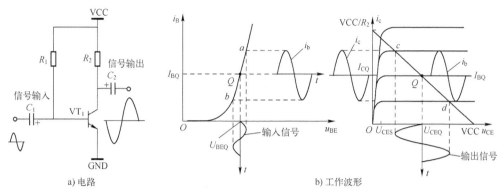

a) 电路　　　　　　　　b) 工作波形

图 8-6　共发射极放大电路及其工作波形

8.1.4　与非门电路

与非门电路是一种逻辑电路，该电路有若干个输入引脚和一个输出引脚，以两输入端与非门为例，它有两个输入端 A、B 和一个输出端 Y。图 8-7 所示是其逻辑图及工作示意图。其中图 8-7a 所示是国标与非门逻辑图，图 8-7b 是 ANSI 标准与非门逻辑图。这种电路的输入与输出不使用具体的电压值，而是使用逻辑电平来表达。逻辑电平有两种，即高电平与低电平，分别用 1 和 0 来表示。与非门的输入和输出关系用数学表达式可以表示为：$Y = \overline{A \times B}$。

图 8-7c 所示是与非门工作示意图，若开关合上称之为 1，打开为 0，输出高电平为 1，输出低电平为 0，那么只有两个开关 S1 和 S2 均合上，输出端 Y 才是低电平，S1 和 S2 任何一个打开，输出 Y 均为高电平。用数学语言表达就是：

$$\overline{0 \times 0} = 1, \quad \overline{0 \times 1} = 1, \quad \overline{1 \times 0} = 1, \quad \overline{1 \times 1} = 0$$

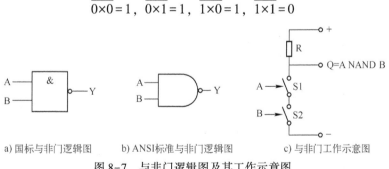

a) 国标与非门逻辑图　　b) ANSI标准与非门逻辑图　　c) 与非门工作示意图

图 8-7　与非门逻辑图及其工作示意图

8.2　原理分析

声控楼道灯是一种声光控电子照明装置，它是一种操作方便、灵活、抗干扰能力强、控制灵敏的声光控灯。当人拍手、跺脚或大声说话时，即可点亮灯，灯点亮后延时约 10 s 后自动关闭，等待下次触发。

图 8-8 所示是声光控楼道灯原理图，电路由声音检测电路、延时控制电路、电源电路、晶闸管电路等部分组成。

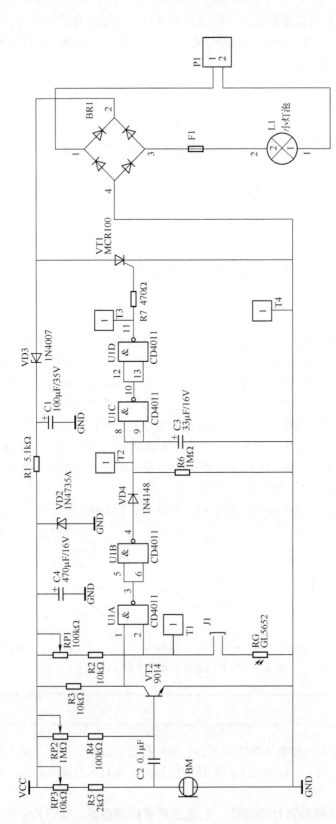

图 8-8 声光控楼道灯原理图

8.2.1 声音检测电路

图 8-9 所示是声音检测电路。RP3 与 R5 组成驻极体传声器的偏置电阻,调整 RP3,将传声器 BM 两端电压调节至 1/2VCC,可以获得最佳性能。

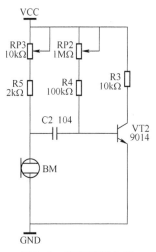

图 8-9 声音检测电路

RP2 与 R4 组成 VT2 的偏置电阻,调整 RP2 可以改变 VT2 集电极电压,应使得没有声音信号时,VT2 的集电极电压略低于 1/2VCC,可获得最高的灵敏度。

8.2.2 光控及延时控制电路

图 8-10 是光控及延时控制电路,J1 决定 RG 是否接入,如果 RG 接入,电路具有光控功能,白天时,RG 阻值较低,U1A 的 2 脚为低电平,不论其 1 脚是高电平或低电平,U1A 的 3 脚始终输出高电平。晚上时,RG 阻值变大,U1A 的 2 脚变为高电平,其 3 脚电平的高低取决于 U1 的 1 脚,即声音检测电路的输入。如果 J1 不接入 RG,则 U1 的 2 脚始终是高电平,电路不具有光控功能。

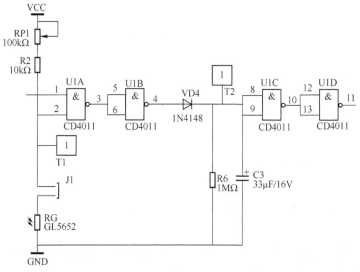

图 8-10 光控及延时控制电路

当 2 脚为高电平，而 1 脚又是高电平时，U1A 的 3 脚是低电平，经 U1B 反相后，4 脚输出高电平，经 VD4 向 C3 充电，当 C3 两端电压超过 1/2VCC 时，U1C 的输出端 10 脚变为低电平，U1D 的 11 脚变为高电平，使后一级的晶闸管导通。

当触发信号消失，U1B 的 4 脚回到低电平时，C3 通过 R6 放电，当放电至 $1/2V_{CC}$ 以下时，U1C 的 10 脚变为高电平，U1D 的 11 脚变为低电平，使后一级晶闸管关闭。VD4 是防止 U1B 的 4 脚变为低电平时，C3 向 U1B 倒灌。

8.2.3 电源电路

图 8-11 所示是声光控楼道灯电路的电源部分电路图，它来自晶闸管电路中桥式整流电路，经 VD3 隔离后由 C1 滤波，然后通过 R1 及 VD2 稳压，C4 作为储能电容。当晶闸管导通时，VD3 的阳极电压降低，电路的电源全由 C4 及 C1 提供。

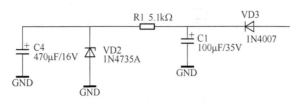

图 8-11 电源电路

8.2.4 晶闸管电路

图 8-12 是晶闸管电路，VT1 是单向晶闸管，P1 接线端子接入交流电，经桥式整流电路 BR1 整流后供电，这个脉动直流电经图 8-11 所示 VD3 隔离再滤波，保证 VT1 两端是脉动直流电。

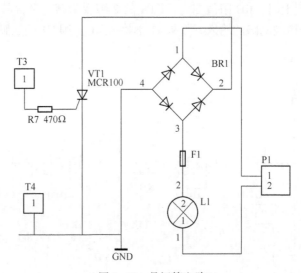

图 8-12 晶闸管电路

当 VT1 的触发端为高电平时，VT1 导通，L1 发光；当其触发端为低电平时，当脉动直流电过零时，VT1 关闭，L1 不再发光。

[项目实施]

8.3 元器件清单

如表 8-1 所示是声控楼道灯的元器件列表。

表 8-1 声控楼道灯元器件

序号	标号	型号	数量	元器件封装的规格
1	R1	5.1 kΩ	1	RJ-0.25W（AXIAL0.4）
2	R2，R3	10 kΩ	2	0805
3	R4	100 kΩ	1	0805
4	R5	2 kΩ	1	0805
5	R6	1 MΩ	1	0805
6	R7	470 Ω	1	0805
7	C1	100 μF/35 V	1	贴片电解电容
8	C2	104（0.1 μF）	1	0805
9	C3	33 μF/16 V	1	贴片电解电容
10	C4	470 μF/16 V	1	贴片电解电容
11	RP1	100 kΩ	1	RM065 微调电位器
12	RP2	1 MΩ	1	RM065 微调电位器
13	RP3	10 kΩ	1	RM065 微调电位器
14	VT1	MCR100	1	TO-92（1 A、400 V 单向晶闸管）
15	VT2	9014	1	SOT23（J6）
16	VD2	1N4735A	1	DO-41
17	VD3	1N4007	1	DO-214AC（贴片）
18	VD4	1N4148	1	LL-34（贴片）
19	L1	20 W/24 V	1	G4 卤素灯
20	BR1	DB107S	1	1 A 整流桥
21	BM	52DB	1	微型传声器
22	U1	CD4011	1	SOP14
23	RG		5506 光敏电阻		
24	J1	2.54 单排针-3	1	单排针截取
25	F1	BLX-A 型熔丝座	1	安装 5×20 型熔丝管
26		5×20 型熔丝管	1	2 A
27	P1	JK128-5.0	1	2 脚直针连接器
28		PCB	1	定制

8.4 认识装配图

印制电路板是重要的电子部件,是电子元器件的支撑体,也是电子元器件电气连接的载体。由于它是采用印刷技术制作的,故也旧称为"印刷"电路板。

电子设备采用印制电路板后,避免了人工接线的差错,并可实现电子元器件自动插装或贴装、自动焊锡、自动检测,保证了电子设备的质量,提高了劳动生产率、降低了成本,并便于维修。图 8-13 所示是声光控电路的印制电路板图,图 8-14 是 3D 视图,对照这两张图查找原理图中相应元器件的标号,熟悉对应关系,便于以下的安装工作。

二维码 8-3
认识印制电路板

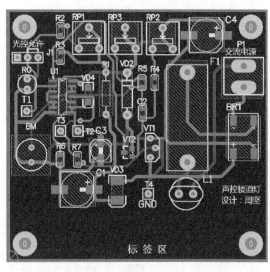

图 8-13 声光控楼道灯印制电路板

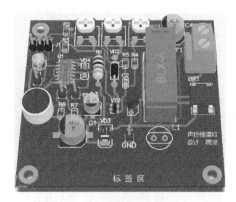

图 8-14 声光控楼道灯 3D 视图

8.5 电路安装

8.5.1 贴片电阻、电容元件安装

贴片元器件手工焊接时,可以先为焊盘的一个引脚镀上锡,然后用镊子夹取元器件放置到焊盘上,用烙铁焊好一个引脚,然后检查一下焊接是否牢固、元器件放置是否歪斜,如果没有问题,可以焊好另一个引脚,或者在一批元器件焊好后,再将这批元器件的另一个引脚焊好。

二维码 8-4
贴片元器件焊接方法

8.5.2 直插式元器件安装

将电阻、二极管等直插式元器件引脚弯折整齐,平贴于印制电路板上安装。

8.5.3 贴片电解电容、整流桥安装

图 8-15 所示是贴片电解电容外形,安装时必须注意其极性,这可以通过贴片电解电容的

封装看出。电解电容外壳上印有黑色的一边是负极；或者观察贴片电解电容的塑料底座，其中一端为带有斜角，该端为正极。印制电路板上电解电容的封装丝印了明显的斜角标志，可以作为安装时的参考。

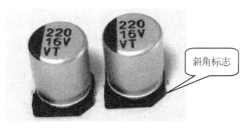

图 8-15　贴片电解电容

DB107S 是贴片整流桥，图 8-16 所示是其实物外形。从图中可以看到 DB107S 的外壳丝印了明显的交流及直流正负极性标志，安装时注意与印制电路板上的丝印层对应。

8.5.4　传声器安装

本电路所用为驻极体传声器，这种传声器内部放置有放大电路，因此安装时应区分极性。图 8-17 所示是常见的两端式驻极体传声器背面图，图中接地端有明显的特征，即其焊盘通过导线与传声器的外壳相连。

图 8-16　DB107S 贴片整流桥

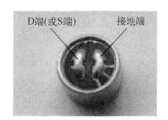

图 8-17　驻极体传声器背面图

8.5.5　其他元器件安装

JK128-5.0 端子安装时要注意的是接线端子的方向。图 8-18 所示是这种接线端子的两个面，图中所示 2 脚端子是接线端朝上，而 3 脚端子是接线端朝下。本电路板使用的是 2 脚端子，安装时要注意接线端朝向印制电路板的"外面"，即图 8-20 所示图应将接线端朝向右边。

图 8-19 所示是本电路中使用的灯泡，这是 24 V/3 W 的小功率白炽灯泡。注意：这里也可以使用其他灯泡，但是一定要使用白炽灯泡，从外形上看它内部有"灯丝"，不能用 LED，否则电路不能正常工作。

图 8-18　JK128-5.0 端子

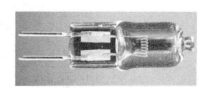

图 8-19　24 V 白炽灯

图 8-20 是声光控电路的实物图。安装实际电路遇到困难时，可以参考该图。

图 8-20　声光控楼道灯实物图

8.6　电路调试

8.6.1　电源连接

本电路使用 18 V 交流供电，图 8-21 所示是供电用变压器。变压器功率 10 W 以上，输出为交流 18 V。如果将 L1 换成额定工作电压为 220 V 的灯泡，并且更改 R1 的阻值，本电路也可以使用 220 V 交流电供电，但从学生实训的安全角度出发，不建议这么做。

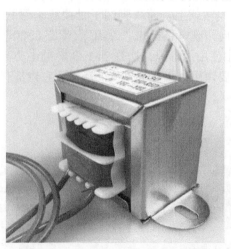

图 8-21　声光控楼道灯供电变压器

8.6.2 电路调试

通电后,测量各集成电路的供电端,保证电压正常,然后调整 RP3,使 BM 端的电压为 $1/2V_{CC}$,然后调整 RP2,使其集电极电压超过 $1/2V_{CC}$ 后回调,使集电极电压低于 $1/2V_{CC}$,如果无论怎样调节 RP2 都不能使集电极电压超过 $1/2V_{CC}$,那么将 RP2 调节到其阻值最大即可。

RP1 用于调整光控灵敏度,可以根据电路板的安装环境来调节。

[项目拓展] 探究安装问题

这个电路在实训室工作得很好,但是往届有同学将它带回家实际安装在楼道间却发现问题了,有些电路工作得不错,但是有些电路却在声音触发点亮后瞬间又熄灭了。经调查发现,这些出现问题的电路都开启了光控功能,请大家讨论,这可能会是什么原因造成的?大家从这个事件中又得到什么启发?

[项目评价]

项 目	配 分	评分标准	扣 分	得 分
焊接工艺	30	① 虚焊、漏焊、碰焊、焊盘脱落,每处扣 2 分,最多扣 10 分; ② 焊点表面粗糙、不光滑,有拉尖、毛刺、堆焊、焊点布局不均匀、夹渣,每处扣 1 分,最多扣 10 分; ③ 同类焊点大小明显不均匀,总体扣 3 分; ④ 表面不清洁,有大块焊剂或焊料残留,总体扣 3 分; ⑤ 焊接后的元器件引脚剪切不合理(过短、过长或长短不一),总体扣 2 分		
安装工艺	30	① 元器件标志方向、插装高度不符合工艺要求,每件扣 1 分,最多扣 5 分; ② 元器件引脚成形不符合工艺要求,每件扣 1 分,最多扣 5 分; ③ 元器件插装位置不符合要求,每件扣 2 分,最多扣 8 分; ④ 损坏元器件,每件扣 2 分,最多扣 10 分; ⑤ 整体排列不整齐,总体扣 2 分		
功能调试	30	① 无法实现声控功能,扣 10 分; ② 无法实现光控功能,扣 10 分; ③ 无法实现延时功能,扣 10 分		
安全文明操作	10	① 工作台上工具摆放不整齐,扣 1 分; ② 未按要求统一着装,仪容仪表不规范,扣 1 分; ③ 未能严格遵守安全操作规程,造成仪器设备损坏,扣 5~8 分		
总分	100			

项目 9　信号发生器的安装与调试

[项目引入]

信号发生器是电子专业中必不可少的仪器设备，图 9-1 是学校实验室常见的信号发生器。通常这类仪器价格较高，学生个人难以购买，本项目所要完成的是一个性能较好而价格并不高的个人用信号发生器。

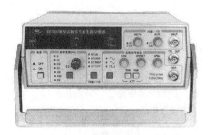

二维码 9-1
认识信号发生器

图 9-1　信号发生器外形

[项目学习]

9.1　基础知识

9.1.1　认识 ICL8038 集成电路

本项目使用了 ICL8038 集成电路，ICL8038 是信号发生器专用集成电路，可以产生高质量的正弦波、三角波和方波，通过改变外围的阻、容值，其频率范围可达 0.001 Hz~300 kHz，通过外加锯齿波电压，可产生扫频效果。恰当地选择外围元器件，可以使其温漂很小，低至 $250×10^{-6}/℃$。图 9-2 所示是 ICL8038 集成电路引脚及注释图，图 9-3 所示是 ICL8038 的内部框图。

该器件部分特性如下：

1) 电源电压范围宽。采用单电源供电时，电压范围是 10~30 V；采用双电源供电时，+V~-V 的电压可在 ±5~±15 V 内选取，电源电流约 15 mA。

2) 振荡频率范围宽，频率稳定性好。频率范围是 0.001 Hz~300 kHz，频率温漂仅 $250×10^{-6}/℃$。

3) 输出波形的失真小。正弦波失真度<5%，经过仔细调整后，失真度还可降低到 0.5%。三角波的线性度高达 0.1%。

4) 矩形波占空比的调节范围很宽，$D=1\%~99\%$，由此可获得窄脉冲、宽脉冲或方波。

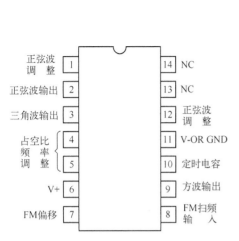

图 9-2 ICL8038 集成电路引脚及注释

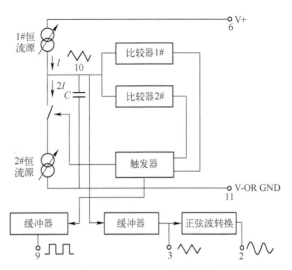

图 9-3 ICL8038 内部框图

5) 外围电路非常简单。通过调节外部阻容元器件值，即可改变振荡频率。

6) 输出特性：

- 正弦波：幅度约供电电压的 1/5，输出阻抗为 1 kΩ。
- 矩形波（或方波），幅度近似等于 V+，且为集电极开路输出（相当于 OC 门）。
- 三角波：幅度为供电电压的 1/3，输出阻抗为 200 Ω。

图 9-4 所示是用 ICL8038 组成信号发生器的典型电路，该图来自 ICL8038 的数据手册。

按图 9-4 所示，输出频率为

$$f=\frac{1}{t_1+t_2}=\frac{1}{\dfrac{R_A C}{0.66}\left(1+\dfrac{R_B}{2R_A-R_B}\right)}$$

如果 $R_A=R_B=R$，那么公式变为

$$f=\frac{0.33}{RC}$$

由此可见，只要改变定时电容 C 的容量，并通过电位器改变阻值，即可方便地调整频率。由于所需信号频率的变化范围较大，从 1 Hz 变化到 100 kHz，仅

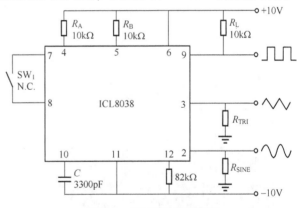

图 9-4 ICL8038 典型电路

通过改变电阻来实现这么大范围的频率变化是不现实的。为此，在设计中通常采用分组的方式，即使用电容进行粗调，通过档位开关，选择不同容量的电容，实现档位的切换，而在每一档中，使用电位器进行细调。通常采用波段开关或琴键开关来切换。

9.1.2 认识 CD4051 集成电路

CD4051 是单端 8 通道多路开关，图 9-5 所示是其引脚及其内部结构。从图 9-5a 中可知，它有 3 个通道选择输入端 C、B、A 和一个禁止输入端 INH。C、B、A 用来选择通道号，INH 用来控制 CD4051 是否有效。INH ="1" 时，所有通道均断开，禁止模拟量输入；当 INH ="0" 时，通道接通，允许模拟量输入，图 9-5b 所示是当 C、B、A 三端分别是 000、001、010、

011、100、101、110、111 时，公共端分别与通道 0~7 接通。

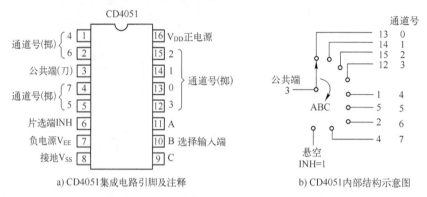

图 9-5　CD4051 开关集成电路外形及其内部结构示意图

9.1.3　认识 OLED 显示屏

OLED 显示屏是利用有机半导体材料发光二极管制成的显示屏，这种显示屏具有不需背光源、对比度高、厚度薄、视角广、反应速度快、可用于挠曲性面板、使用温度范围广、构造及制程较简单等优异的特性。图 9-6 及图 9-7 所示是电子制作中常用的一种 OLED 模块，这是一种大小为 0.96in（1in＝0.0254m）、点阵图为 128 像素×64 像素的 OLED 显示屏模块，它使用 I²C 总线与单片机/MCU 相连，仅需要 SCL、SDA 两根通信线及 VCC、GND 共 4 根线即可显示汉字、图形、字符等。如果用来显示 16 点阵的汉字，最多可以显示 4 行，每行 8 个，共 32 个汉字。

图 9-6　OLED 模块正面

图 9-7　OLED 模块反面

9.2　原理分析

图 9-8 所示是信号发生器的完整原理图。

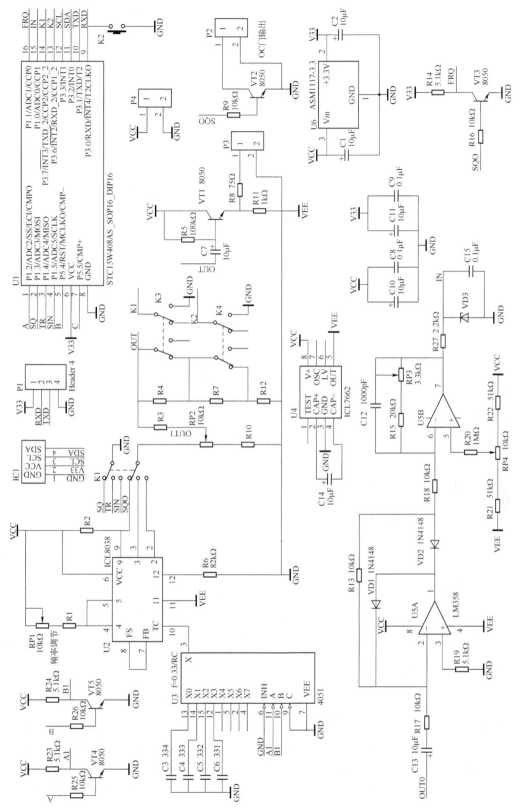

图 9-8 信号发生器电路原理图

9.2.1 波形发生电路

图 9-9 是信号发生器的波形生成部分。U2 是 ICL8038 信号发生专用集成电路，RP1 与 R1 串联用作频率调节，而其定时电容由模拟开关 CD4051 接入。本项目设计了 4 个档位，因此 4051 的控制位 C 接地，而 A、B 两个控制引脚由单片机来控制。由于单片机使用 3.3 V 电源，而 CD4051 的供电电源为 6V，因此使用了晶体管 VT4、VT5 作为电平变换。

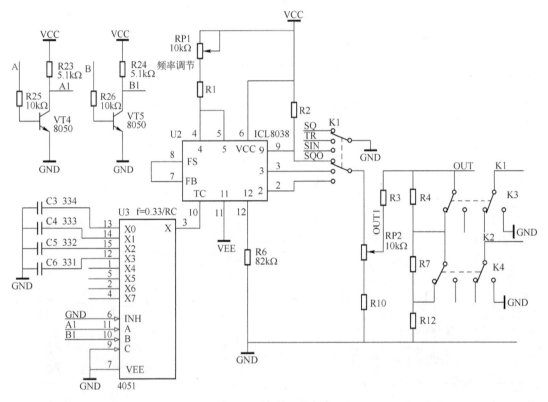

图 9-9 波形生成电路

ICL8038 的三个信号输出引脚 9、3 及 2 通过双刀三掷拨动开关 K1 选择其中的一刀输出，双刀中的另一刀接地，而另三位接入单片机引脚，这样，当拨动开关拨动时单片机就能知道究竟输出是何种波形，并且通过 OLED 显示屏显示出来。

9.2.2 幅值测量电路

图 9-10 所示是幅值测量电路，U5A、U5B 组成精密整流电路，将 RP2（见图 9-9）分压后的信号 OUT0 整流、滤波成为直流信号输出，这个信号送入单片机的 AD 端，由单片机测量出幅值并且显示出来。VD3 是保护二极管，防止输出电压过高造成单片机的损坏。而图 9-9 中拨动开关 K3 和 K4 组成衰减电路，K3 与 K4 均为双刀双掷开关，其中一路用于信号通道，另一路接入单片机的 I/O 口，这样单片机就能感知 K3 和 K4 的状态，从而能够计算出实际输出值。

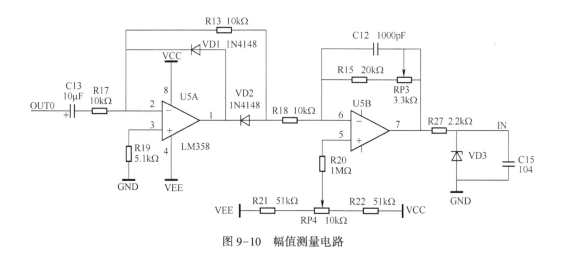

图 9-10 幅值测量电路

9.2.3 单片机控制电路

图 9-11 所示是波形发生器的单片机控制电路，本项目选用 STC15W408AS 芯片，这里使用的是 16 脚 SOP 封装芯片。P1 是编程插座，使用单排针截取。IC1 是 OLED 模块，K2 为按钮，用来切换频段，按下 K2 时单片机引脚标号 A、B 轮流切换为高、低电平，从而控制模拟开关的连接通道。

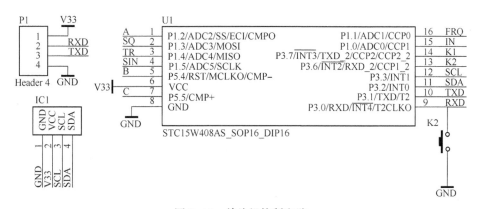

图 9-11 单片机控制电路

9.2.4 电源电路

图 9-12 所示是信号发生器的电源电路，本电路需要用到多种电源，精密整流电路需要正负电源供电，OLED 模块需要 3.3 V 供电，而 ICL8038 的供电电源不能低于 12 V 或者 ±6 V。项目设计时从成本、一致性等因素考虑选用的机壳较小，并且不准备采用电源变压器供电，而使用外接 DC 电源供电。这类电源最通用的是只有一组输出，因此，电路设计时选用 ASM1117-3.3 V 的集成电路做成 3.3 V 稳压电源，为单片机及 OLED 功能模块供电。选择 ICL7660/7662 作为负电源发生器，这块集成电路只需要一个电容就能生成负电源，使用非常方便。该电路供电电压不能超过 10 V（ICL7660），这就决定了本项目的外接 DC 电源不能超过 10 V。

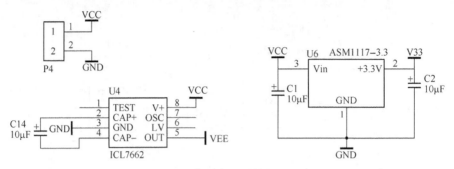

图 9-12　信号发生器的电源电路

9.3　关联知识

9.3.1　信号发生器的面板设计

图 9-13 所示是信号发生器的面板设计图。

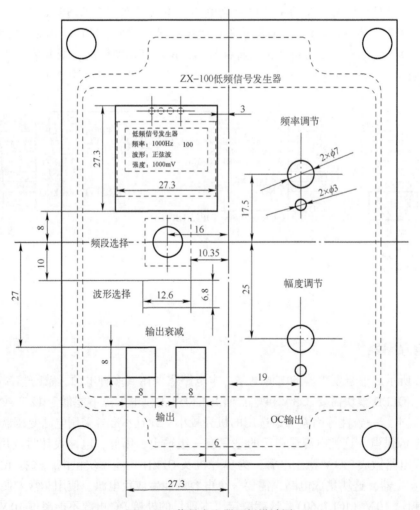

图 9-13　信号发生器面板设计图

图中左上侧"27.3×7.3"的方框用来透过 OLED 功能模块,其右侧的尺寸"3"、下方的尺寸"8"是这个方框的定位尺寸。

屏幕下方的圆孔用来透过频率选择按钮的按钮柄;其右侧的"16"是其定位尺寸,而垂直方向没有标注尺寸,表示该圆孔的垂直位置位于面板的中线上。

频段选择圆形开孔下方的"12.6×6.8"开孔是波段选择开关开孔,"10"及"10.35"是该孔的定位尺寸。

下方的两个"8×8"方孔用来透过输出衰减的双刀双掷按钮,这两个孔的定位尺寸分别是"27""27.3"和"6"。

面板右侧的 7 mm 孔是两个电位器柄透过孔,而每个大孔下方的 3 mm 小孔是电位器上的定位孔。

本项目的输出、OC 门输出、电源接入均是通过接线端子接入,这些接线端子使用螺钉固定,只要在壳体上开孔即可,这里就不画出壳体开孔图了。

9.3.2 认识 BNC 连接装置

BNC 插头又叫 Q9 头,是一种标准的同轴电缆连接器,一般用于视频监控工程和网络工程中,用于实现从设备到电缆或从电缆到设备之间的抗干扰连接。图 9-14 是 BNC 插座,固定于壳体上,而图 9-15 是信号发生器的连接线。

图 9-14　BNC 插座

图 9-15　信号发生器连接线

9.3.3 电源插座及选择

电子设备的供电方式多种多样,有一些在设备内部装有 AC/DC 转换器,直接接入 220 V 交流电,有一些使用电池供电,还有一些通过外接 DC 电源供电。图 9-16 所示是常见的 DC 电源,这些电源与设备的连接都使用 DC 电源插座。

 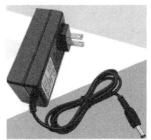 

图 9-16　常见的 DC 电源

DC 电源插座的品种很多，图 9-17 所示是常见的 DC 电源插座。这些插座中有一些是直接焊接在印制电路板上的，有一些是固定在机壳上的。选择 DC 电源插座与电路板、机壳有关，应该在电路板设计之初就规划好。

图 9-17　常见的 DC 电源插座

[项目实施]

9.4　元器件清单

如表 9-1 所示是信号发生器的元器件列表。

表 9-1　信号发生器元器件

序号	标号	型号	数量	元器件封装的规格
1	R1，R11	1 kΩ	2	0805
2	R2，R14，R19，R23，R24	5.1 kΩ	5	0805
3	R3	100 Ω	1	0805
4	R4	9.1 kΩ	1	0805
5	R5	100 kΩ	1	0805
6	R6	82 kΩ	1	0805
7	R7	910 Ω	1	0805
8	R8	75 Ω	1	0805
9	R10	220 Ω	1	0805
10	R12	100 Ω	1	0805
11	R9，R13，R16，R17，R18，R25，R26	10 kΩ	7	0805
12	R15	20 kΩ	1	0805
13	R21，R22	51 kΩ	2	0805
14	C1，C2，C7，C10，C11，C13，C14	10 μF	7	贴片电解电容
15	C3	0.33 μF	1	0805
16	C4	0.033 μF	1	0805
17	C5	3300 pF	1	0805
18	C6	330 pF	1	0805
19	C8，C9，C15	0.1 μF	3	0805
20	C12	1000 pF	1	0805
21	VD1，VD2	1N4148	2	DO-35
22	VT1~VT5	2SC9014	5	SOT23（J6）
23	RP1，RP2	10 kΩ	2	WH148 单联电位器
24	RP3	3.3 kΩ	1	3362 微调电位器

(续)

序号	标号	型号	数量	元器件封装的规格
25	RP4	10 kΩ	1	3362 微调电位器
26	U1	STC15W408AS	1	SOP20
27	U2	ICL8038	1	DIP-14（配插座）
28	U3	CD4051	1	SOP-16
29	U4	ICL7662	1	SOP-8
30	U5	LM358	1	SOP-8
31	U6	ASM1117-3.3	1	SOT-223
32	K1	SS23D07-VG3	1	2P3T 拨动开关
33	K2	轻触按钮	1	12 mm×12 mm，柄高 9.5 mm
34	K3，K4	2 刀 3 位按钮	2	8 mm×8 mm 带锁按钮
35	IC1	OLED 显示模块	1	0.96 in，4 引脚模块
36	P1	4 针	1	单排针剪取
37	P2，P3，P4	XH2.54	3	2 脚直针连接件
38		BNC-75	2	Q9（莲花插座）
39		DC-099	1	电源插座，5.5 mm×2.1 mm
40		机壳	1	F2 定制
41		M3×20 沉头螺钉	4	配套螺母平垫弹簧垫
42		PCB	1	定制

9.5 印制电路板识读

图 9-18 所示是信号发生器的印制电路板，参考该图及表 9-1，清点元器件。

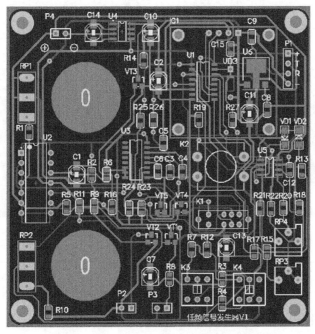

图 9-18　信号发生器的印制电路板

图 9-19 所示是信号发生器的 3D 视图，图中两个大圆孔用来安装电位器。

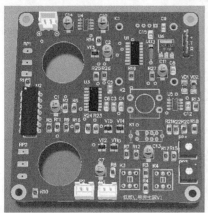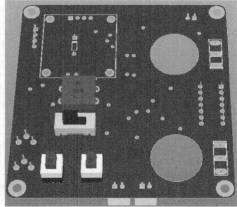

图 9-19　信号发生器 3D 视图

9.6　电路安装

电路安装时要注意分清楚元器件究竟应该安装于哪个面，不能装错了，可以参考图 9-19 来安装。安装时按贴片电阻、贴片电容、贴片电解电容、14 脚集成电路插座、3362 电位器、贴片电解电容、XH2.54 插座的顺序进行。安装完成后，安装另外一面的元器件，包括双刀三掷拨动开关、双刀双掷拨动开关、12×12 按钮。OLED 模块、两个电位器暂不安装，将电路板安装到面板上，用螺钉固定，然后放入电位器、OLED 模块，适当调整高度后再焊接这三个元器件。

图 9-20 和图 9-21 分别是信号发生器电路板的实物图，可供参考。

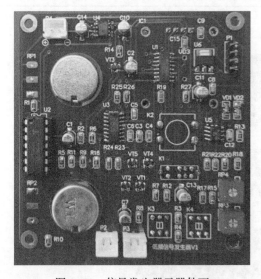

图 9-20　信号发生器元器件面　　　　图 9-21　信号发生器焊接面

9.7　电路调试

电路安装完成，使用 DC 6 V 电源供电。

接通电源以后测量 U6 的输出，输出电压为 3.3 V。U2 的 6 脚为 6 V，11 脚为 -6 V，运放的 8 脚和 4 脚分别是 6 V 与 -6 V。OLED 显示屏显示"信号发生器"标题，其下显示频率值、幅值、波形等信息。按下波段切换按钮可以切换波段，拨动波形选择开关、按下衰减开关，OLED 显示屏上会有相应的显示。

用一根导线短接 OUT0（C13 正极）与 GND，使得幅值测量电路输入为 0。使用万用表 2 V 档测试 U5 的 7 脚，调节 RP4，使其输出为 0 V。将万用表切换到 200 mV 档，继续调节，以获得更高的调整精度。调整完成后，去掉短接线。用该信号发生器送出 1 kHz、100 mV 信号（显示值），使用示波器检测输出端的信号，并且开启测量功能，读出获得的实际数值，通常频率值不需要任何调整，而幅值可能并不相同。调节 RP3 电位器，使得信号发生器显示屏上显示的幅值与示波器实际测得的幅值相同。

调整完毕，即可使用该信号发生器生成各种频率、幅值的信号进行电路的测试工作。

[项目拓展] 探究"阻抗"

① 本电路的输出阻抗为 75 Ω，研究一下输出阻抗的含义以及如何实现输出阻抗的方法。

② 本电路使用 6 V 电源供电，除此之外，还适合使用哪种电压值的电源供电？（提示：需要从易获得性及满足性能等若干方面考虑，可以通过市场调研等方式来解决问题）

[项目评价]

项 目	配 分	评分标准	扣 分	得 分
焊接工艺	20	① 虚焊、漏焊、碰焊、焊盘脱落，每处扣 2 分，最多扣 10 分； ② 焊点表面粗糙、不光滑，有拉尖、毛刺、堆焊、焊点布局不均匀、夹渣，每处扣 1 分； ③ 同类焊点大小明显不均匀，总体扣 3 分； ④ 表面不清洁，有大块焊剂或焊料残留，总体扣 3 分； ⑤ 焊接后的元器件引脚剪切不合理（过短、过长或长短不一），总体扣 2 分		
安装工艺	15	① 元器件标志方向、插装高度不符合工艺要求，每件扣 1 分； ② 元器件引脚成形不符合工艺要求，每件扣 1 分； ③ 元器件插装位置不符合要求，每件扣 2 分； ④ 损坏元器件，每件扣 2 分； ⑤ 整体排列不整齐，总体扣 2 分		
整机装配工艺	25	① 电压测量板与面板不齐平，扣 5 分； ② 电位器松动、跟转，扣 5 分； ③ 输出接线端子安装不牢，扣 5 分； ④ 电位器电压调整方向不符合常规，扣 5 分； ⑤ 螺钉选择错误每个扣 1 分，最多 5 分		
功能调试	30	① 无法输出正弦波，扣 5 分； ② 无法输出三角波，扣 5 分； ③ 无法输出矩形波，扣 5 分； ④ 无法调节输出幅度，扣 5 分； ⑤ 无法实现衰减功能，扣 5 分； ⑥ 无法正确显示，扣 5 分		
安全文明操作	10	① 工作台上工具摆放不整齐，扣 1 分； ② 未按要求统一着装，仪容仪表不规范，扣 1 分； ③ 未能严格遵守安全操作规程，造成仪器设备损坏，扣 5~8 分		
总分	100			

项目 10　七彩电子琴的装配与调试

[项目引入]

电子琴是一种常见的乐器，图 10-1 是电子琴演奏的情景。商品化的电子琴价值不菲。但电子琴也是一种电子设备，电子专业的同学能不能做一个属于自己的电子琴呢？让我们一起来尝试一下。

二维码 10-1
电子琴

图 10-1　电子琴

[项目学习]

10.1　基础知识

10.1.1　声音的知识

(1) 声音的产生

一切正在发声的物体都在振动。固体、液体、气体都可以因振动而发出声音。平常所听到的各种各样的声音都是由不同的物体振动而发生的。所谓的"风声、雨声、读书声，声声入耳"，其中的风声、雨声、读书声就分别是由气体、液体、固体的振动而发出的声音。

(2) 声音的传播

声音的传播实际上是声波的传播。

声音要靠气体、液体、固体物质作媒介传播出去，这些物质简称为介质。登上月球的宇航员即使面对面交谈，也需要靠无线电，就是因为月球上没有空气，真空不能传声。

(3) 频率与振幅

物体在 1 s 内振动的次数叫频率，频率越大，表示物体振动越快，音调就越高。例如：甲发声体振动的频率是每秒 600 次，乙发声体振动的频率是每秒 500 次，则甲的音调较高，乙的音调较低,人对高音和低音的听力有一定的限度,大约是每秒 20 次~20000 次。

科学研究表明,唱名与频率有一定的关系,这种对应关系见表 10-1。

表 10-1 唱名与频率的关系

唱名	do	re	mi	fa	so	la	ti	do
该唱名的频率与 do 的频率之比	1:1	9:8	5:4	4:3	3:2	5:3	15:8	2:1
f/Hz(C 调)	264	297	330	352	396	440	495	528
f/Hz(D 调)	297	334	371	396	446	495	557	594

振幅是物体振动时偏离原来位置的最大距离,振幅越大,响度越大。声音是从发声体向四面八方传播的,越靠近发声体,响度越大,越到远处越分散,响度越小。日常生活中,常听有人说:"我听不见,你的声音再高一点。"值得注意的,这儿的"高"实质上是指响度再大一些,所以,要区分日常生活语言和物理语言的不同。

10.1.2 扬声器的工作原理

扬声器应用了电磁铁的工作原理来把电流转化为声音,图 10-2a 所示是某常用扬声器外形。我们在物理学中学到,电流可以产生磁场,扬声器正是利用了这一原理。试把铜线绕在长铁钉上,然后再接上小电池,你会发现铁钉可以把回形针、别针等铁制品吸起。

图 10-2b 所示是扬声器的内部结构图。假设现在要播放标准的 C 调(频率为 264 Hz),电路就会输出 264 Hz 的交流电,换句话说,在一秒钟内电流的方向会改变 264 次,每一次电流改变方向时,电磁铁上的线圈所产生的磁场方向也会随着改变。磁力是"同极相斥,异极相吸"的,线圈的磁极不停地改变,与永久磁铁一时相吸,一时相斥,产生了每秒钟 264 次的振动。线圈与一个薄膜相连,当薄膜与线圈一起振动时,便会推动周围的空气将振荡传播出去,人们就听到了声音,这就是扬声器的工作原理。

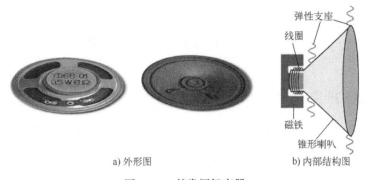

a) 外形图 b) 内部结构图

图 10-2 某常用扬声器

10.1.3 认识 TDA2822 集成电路

TDA2822 是 8 脚单片集成电路,其内部封装有 2 个功率放大器,主要用于小功率双声道功率放大器、CD 唱机、收音机等。图 10-3 是双列直插式 TDA2822 的外形,图 10-4 所示是

TDA2822 功放的引脚图。

图 10-3　TDA2822 芯片外形

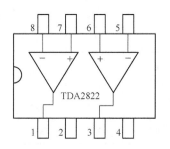

图 10-4　TDA2822 功放的引脚图

其特性如下：
- 电源电压范围为 1.8~15 V；
- 低的交叉失真；
- 低静态电流；
- 可作桥式功放或者双声道功放使用。

10.2　原理分析

图 10-5 所示是七彩电子琴的电路原理图，它由单片机电路、键盘电路、七彩灯电路、双声道功放电路等部分组成。

10.2.1　单片机电路

本制作中使用了 STC15W408AS 单片机电路，这是一块兼容 80C51 的单片机芯片，它有 16 脚、20 脚、28 脚等不同引脚的封装，这里用的是 16 脚封装的双列直插版本。图 10-6 所示是七彩电子琴的单片机电路，从图中可以看到这块芯片的供电引脚是第 6 和第 8 脚，其他各引脚用作键盘、LED、声音等控制。其中所有名称以字母 K 开头的引脚用于键盘，K1~K8 共 8 条引脚，组成 4×4 的 16 键键盘。R、G、B 分别用来控制多彩 LED 的 3 个引脚，AO1 和 AO2 用于音频输出。

10.2.2　双声道功放电路

本项目使用了图 10-7 所示 TDA2822 芯片实现双声道功放的电路设计。

图 10-7 中 RP1 是双联电位器，图 10-8 所示是其实物图，用于双声道音量的调节。C1、R1 和 C2、R2 分别是两个声道的耦合电路。

10.2.3　键盘电路

图 10-9 所示是按矩阵方式组成的键盘电路，由 4 根纵线、4 根横线组成，在各交叉点上接入按键。

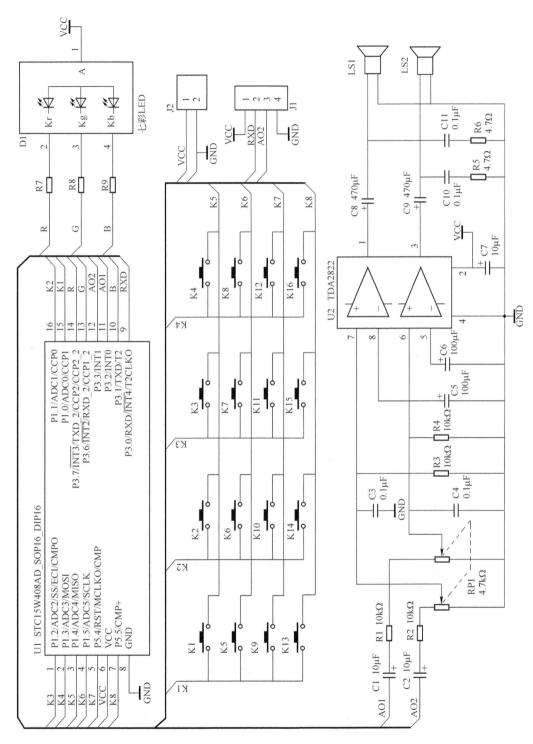

图 10-5 七彩电子琴电路原理图

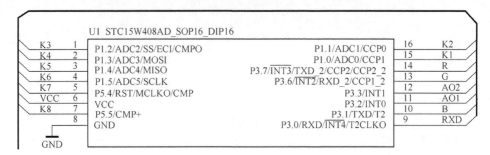

图 10-6　单片机电路

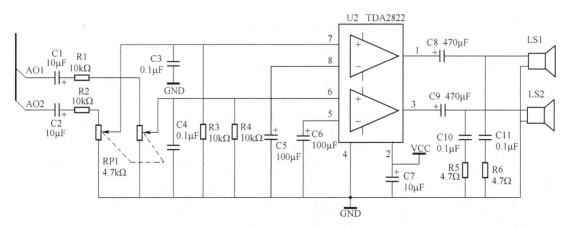

图 10-7　双声道功放电路

图 10-8　双联电位器

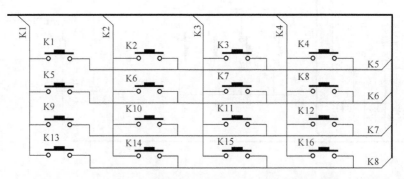

图 10-9　键盘电路

10.2.4 多彩 LED 驱动电路

本电路中使用了共阳极多彩 LED，它的公共端接到 VCC，R、G、B 三个引脚分别接入一个限流电阻后接到单片机的 P3.7、P3.6 和 P3.1 脚，图 10-10 所示是多彩 LED 驱动电路。

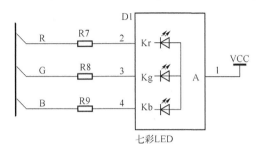

图 10-10 多彩 LED 驱动电路

10.3 关联知识

10.3.1 面板图识读

图 10-11 所示是七彩电子琴的面板图。

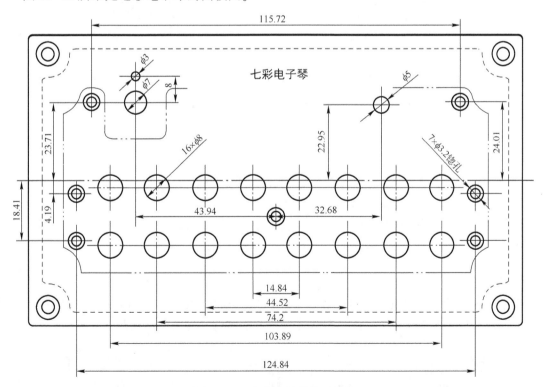

图 10-11 七彩电子琴的面板图

1) 图中 "115.72、24.01、8、23.71、4.19" 等尺寸称为定位尺寸，用于表达各个形体结构之间的定位关系。

2)定位尺寸需要一个参考,这个参考的选择不仅关系到图形的识读,也关系到加工方法的选择,本图选择结构的对称中心作为尺寸标注参考。

3)尺寸"115.72"表示两个孔之间的距离,并且左右对称;"24.01"表示这两个孔距上下中心线的距离;有了这两个尺寸,这两个孔就可以确定下来了。其他尺寸同样如此,例如"琴"字下方的 5 mm 直径的孔距竖直中心线 32.68 mm,距水平中心线 22.95 mm。

4)原则上图形上所有的结构都应标注与参考之间的距离,但也会有其他情况。如"七"字左侧 3 mm 的孔标注的是其与 7 mm 孔之间的距离,原因在于这个孔是安装电位器时的定位孔,这个 8 mm 的尺寸是最重要的。

10.3.2 认识沉头螺钉

图 10-12 所示是沉头螺钉外形图,行业中也常称为沉头螺丝、平机螺丝,其头部是一个 90°的锥体,用在安装后零件的表面不能有凸起的地方。作为对比,图 10-13 是平头螺钉的图片。对比两张图,注意它们的区分。

图 10-12 沉头螺钉

图 10-13 平头螺钉

M3×6 表示该沉头螺钉的螺纹部分直径 d 为 3 mm,长度 L 为 6 mm。图 10-14 中 P、d_k、k 等其他尺寸均为标准尺寸,不需要关注。

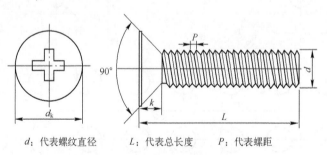

d:代表螺纹直径　　L:代表总长度　　P:代表螺距

图 10-14 沉头螺钉的机械图

图 10-15 所示是安装沉头螺钉时的面板开的孔,图 10-16 所示是沉头螺钉安装在表面形成一个凸起。作为对比,图 10-17 中放置了一个平头螺钉,可以观察到两者的区别。

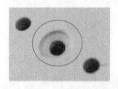

图 10-15 沉孔

图 10-16 沉头螺钉安装

图 10-17 平头螺钉安装

沉头螺钉适合于安装面必须保持平面的场合，例如鼠标的工作面。

[项目实施]

10.4 元器件清单

七彩电子琴元器件列表见表 10-2。

表 10-2　七彩电子琴元器件

序号	标号	型号	数量	元器件封装的规格
1	C1，C2，C7	10 μF/16 V	3	CD11
2	C3，C4，C10，C11	0.1 μF 磁片	4	MLCC-63V（RAD0.2）
3	C5，C6	100 μF/16 V	2	CD11
4	C8，C9	470 μF/16 V	2	CD11
5	D1	共阳极多彩 LED	1	5 mm 直插式
6	J1	4 脚单排针	1	单排针剪取
7	J2	XH2.54	1	2 脚直针连接器
8	K1~K16	轻触式按钮	16	12×12 mm，柄高 10 mm
9	LS1，LS2	XH2.54	2	2 脚直针连接器
10	R1，R2，R3，R4	10 kΩ 电阻	4	RJ-0.25 W（AXIAL0.4）
11	R5，R6	4.7 Ω 电阻	2	RJ-0.25 W（AXIAL0.4）
12	R7，R8，R9	1 kΩ 电阻	3	RJ-0.25W（AXIAL0.4）
13	RP1	4.7 kΩ	1	WH148 双联电位器（配旋钮帽）
14	U2	TDA2822	1	DIP-8（配插座）
15	U1	STC15W408AS	1	DIP-16（配插座）
16		XH2.54 连接线	1	2P 单头镀锡
17		扬声器	2	0.5 W
18		F2 防水盒定制	1	158 mm×90 mm×60 mm
19		电池盒	1	3 节 5 号
20		PCB	1	定制

参考表 10-3 识别元器件。

表 10-3　元器件识别与检测

序号	描述	识别检测	
1	4.7 kΩ，±1%		黄紫黑棕棕
2	10 kΩ，±1%		棕黑黑红棕
3	1 kΩ，±1%		棕黑黑棕棕

(续)

序 号	描 述	识 别 检 测
4	多彩 LED	使用数字万用表的二极管档测量,其中最长引脚为公共端。本次所用为共阳极,因此应使用红表笔接最长引脚,用黑表笔分别接另外 3 个引脚,可测出 3 种颜色 LED 是否正常发光
5	扬声器	使用万用表检测扬声器直流电阻,正常应为 8Ω 左右
6	电位器	使用万用表电阻档分别测量双联电位器。测试中间端子与任一接线端子,调整电位器,观察阻值变化

10.5 印制电路板识读

图 10-18 所示是七彩电子琴的印制电路板图。

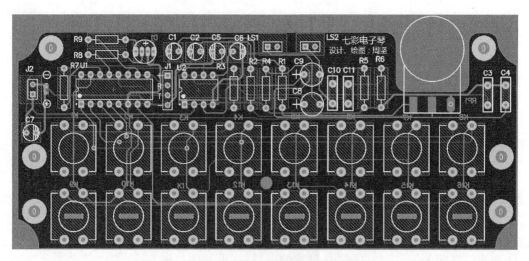

图 10-18 七彩电子琴的印制电路板图

图 10-19 所示是七彩电子琴的印制电路板实物图。

图 10-19 七彩电子琴的印制电路板实物图

图 10-20 所示是七彩电子琴的 3D 视图。对照这几个图，分清各个元器件。

图 10-20　七彩电子琴印制电路板 3D 视图

10.6　电路安装

电路板安装步骤：电阻→集成电路（插座）→独石电容→端子→电解电容→按钮（安装于反面）→电位器（配合机壳安装）。

说明：按钮必须安装在反面（焊接面），将按钮插入孔中之后暂不焊接，将电路板装在面板上，放入沉头螺钉进行定位，确定没有问题之后再焊接按钮。将双联电位器的两层焊盘放置于印制电路板边沿，将电位器的旋转手柄穿过 7 mm 安装孔，并将其初步固定，调整电位器使其引脚与印制电路板上的焊盘对正，然后焊接好各个引脚。图 10-21 与图 10-22 所示分别是安装好的电路板正面与反面。

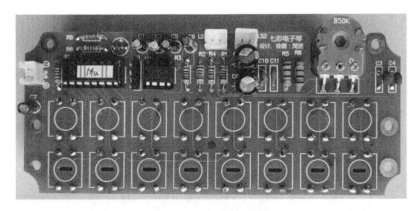

图 10-21　电路板正面图

图 10-23 所示是整机安装时在面板上安装沉头螺钉，并且在每个螺钉上拧上两个螺母后的图形。

图 10-22 电路板反面图

图 10-23 安装面板

图 10-24 所示是七彩电子琴正面图,将电路板装入后,电路板上的安装孔恰与螺钉位置对应。

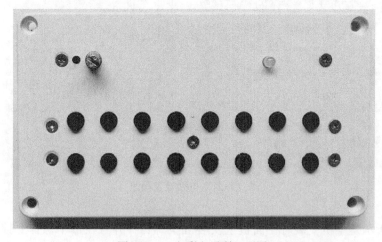

图 10-24 七彩电子琴正面图

10.7 电路调试

图 10-25 所示是七彩电子琴电源连接图,焊接完成后,使用万用表检测电源两端,确定没有短路的现象,接入电源。

图 10-25　七彩电子琴通电调试

图 10-26 是调试七彩电子琴的画面,电子琴按键共有 2 行,每一行的前 7 个按键是琴音键,最后一个按键是功能键。按下琴音键,扬声器发出相应的音调声。调节电位器,可以调整音量大小。第一行最右边一个键为多彩 LED 是否点亮的开关键,按下该键,可以改变 LED 是否随琴键按下而点亮。第二行的最后一个键是色彩切换键,可以在红、绿、蓝三色之间进行切换。

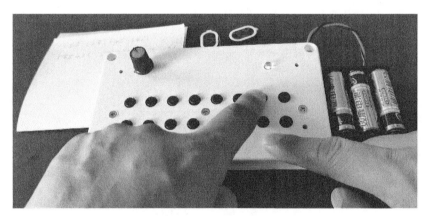

图 10-26　调试电子琴

[项目拓展]　探究复合键功能

本电子琴共有 16 个按键,其中琴键 14 个,能实现两个八度音,而观察真实的电子琴,通常都有几十个按键,实现多个八度,但本电路受限于体积,不宜加更多的按键。那么有没有什么方法,在现有按键数量的基础上实现多个八度音?

[项目评价]

项 目	配 分	评 分 标 准	扣 分	得 分
焊接工艺	20	① 虚焊、漏焊、碰焊、焊盘脱落，每处扣 2 分，最多扣 6 分； ② 焊点表面粗糙、不光滑，有拉尖、毛刺、堆焊、焊点布局不均匀、夹渣，每处扣 1 分，最多扣 4 分； ③ 同类焊点大小明显不均匀，总体扣 3 分； ④ 表面不清洁，有大块焊剂或焊料残留，总体扣 3 分； ⑤ 焊接后的元器件引脚剪切不合理（过短、过长或长短不一），总体扣 2 分		
安装工艺	15	① 元器件标志方向、插装高度不符合工艺要求，每件扣 1 分，最多扣 3 分； ② 元器件引脚成形不符合工艺要求，每件扣 1 分，最多扣 3 分； ③ 元器件插装位置不符合要求，每件扣 1 分，最多扣 3 分； ④ 损坏元器件，每件扣 1 分，最多扣 4 分； ⑤ 整体排列不整齐，总体扣 2 分		
整机安装工艺	25	① 安装完成后琴键高低不平，每个扣 1 分，最多扣 10 分； ② 电位器旋钮跟转、松动，扣 5 分； ③ 电位器音量调节方向与常规不符，扣 5 分		
功能调试	30	① 无法实现弹琴功能，扣 10 分； ② 无法实现 LED 颜色调节功能，扣 10 分； ③ 无法调节音量，扣 10 分		
安全文明操作	10	① 工作台上工具摆放不整齐，扣 1 分； ② 未按要求统一着装，仪容仪表不规范，扣 1 分； ③ 未能严格遵守安全操作规程，造成仪器设备损坏，扣 5~8 分		
总分	100			

项目 11　运算放大器应用电路的安装与调试

[项目引入]

运算放大器(简称"运放")是具有很高放大倍数的电路单元,图 11-1 是运放电路工作示意图。在实际电路中,通常结合反馈网络共同组成某种功能模块。它是一种带有特殊耦合电路及反馈的放大器,其输出信号可以是输入信号加、减或微分、积分等数学运算的结果。由于早期应用于模拟计算机中用以实现数学运算,因而得名"运算放大器"。本项目测试运算放大器的各种基本电路,在此基础上掌握其电路的工作特性。

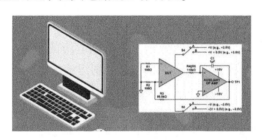

二维码 11-1　运算放大器介绍

图 11-1　运放电路工作示意图

[项目学习]

11.1　基础知识

11.1.1　认识 PN 结测温技术

PN 结测温方式是利用 PN 结在恒电流下正向压降随温度而变的特性进行测温的,在 $-80 \sim 120$℃ 范围内正向电压降与温度有较好的线性关系,温度系数约为 -2.3 mV/℃,即温度升(降)时,正向压降减小(增大),因此测量正向压降就可推得温度值。把 PN 结做成针状、柱状、片状等各种测温头,即可测点温或表面温度。工作中也常使用晶体管的发射结作为测温探头。

11.1.2　认识 LM324 集成运放

LM324 系列是低成本的四路运算放大器,图 11-2 是两种封装的 LM324 外形图,图 11-3 是 LM324 的引脚图。该四路放大器可以工作于低至 3.0 V 或高达 32 V 的电源电压,静态电流是 MC1741 的 1/5 左右(每个放大器)。共模输入范围包括负电源,因此在众多应用中不需要外部偏置元器件,输出电压范围也包括负电源电压。

图 11-2　LM324 的两种封装

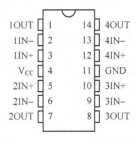

图 11-3　LM324 的引脚图

11.2　原理分析

图 11-4 所示是运放电路的完整电路图，其后按功能分块说明。

11.2.1　电源电路

图 11-5 所示是电源电路。电源由 P2 接线端子接入，供电电压由运放决定。本项目可以选用 LM324、LM348、TL084 等型号的四运放，其供电电压的范围可以在 ±3～±18 V 之间，通常实验时选用 ±15 V 电压。电容 C4、C5、C6、C7 分别组成滤波电路。

11.2.2　信号源电路

图 11-6 所示是信号源电路，本电路板用于对各种运放电路进行测试，因此需要提供多路直流、交流信号。电路板上的 RP1、RP2 和 RP3 均为 3296 型精密多圈电位器，它们分别与电阻 R1、R2 和 R3 构成分压电路，电路的一端接地，另一端可以选择接正电源 VCC 还是负电源 VEE，调整电位器，可以在其中心抽头处获得精密可调的正直流信号或者负直流信号。J1、J2 和 J3 是三引脚的单排针，通过短路帽可以用于选择信号源的来源是 VCC 或 VEE。

P1 是交流信号输入端，用于外接信号发生器产生的交流信号。

11.2.3　运算电路

图 11-7 所示是同相比例放大电路，它既可以放大直流信号，又可以放大交流信号。通过拨动开关 S1 可以选择信号来源，当 S1 的 2、3 相连时，来自 P1 端子 1 脚的交流信号被送入放大电路；而当 S1 的 1、2 相连时，来自 RP1 可调端的直流信号被送入放大器。

图 11-8 所示是加法器电路，U1C 构成反相比例放大电路，三路输入信号由开关 S2、S3、S4 选择，可分别接入直流信号或者交流信号。J4 用于选择是否接入负反馈电阻，当 J4 接入时，J5 不应接入，反之亦然。当 J5 接入时，电路成为积分电路。

图 11-9 所示是减法器电路，其两路输入信号来自开关 S5 和 S6 的选择，可以分别接入直流信号或者交流信号。

图 11-10 是输出部分的电路，P3 和 P4 用于信号输出，其中 P3 是直流信号输出，P4 是交流信号输出。

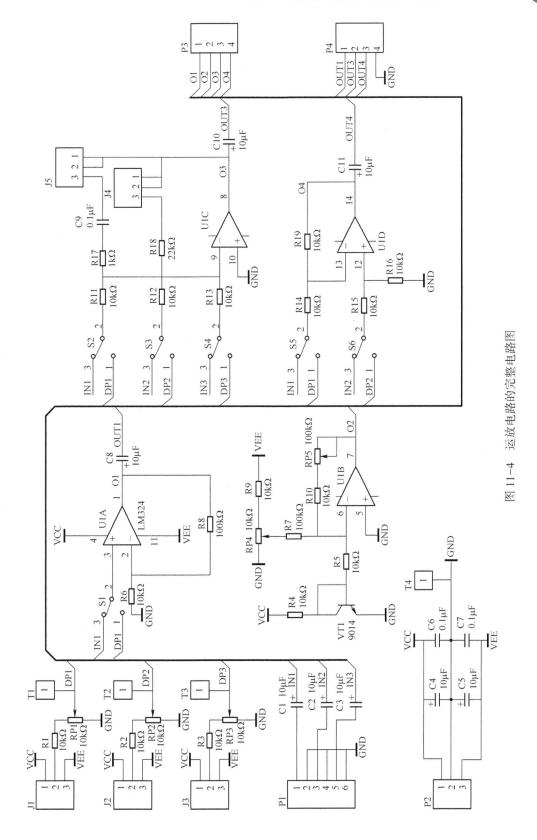

图 11-4 运放电路的完整电路图

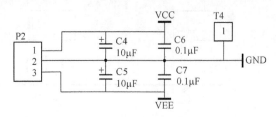

图 11-5 电源电路

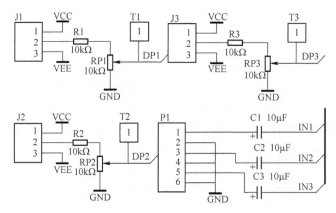

图 11-6 信号源电路

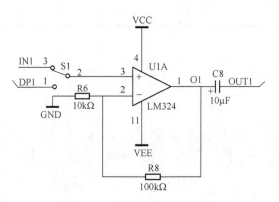

图 11-7 同相比例放大电路

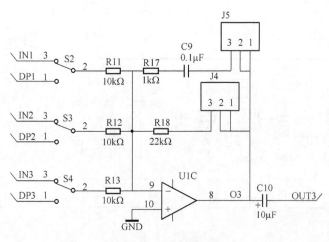

图 11-8 加法器电路

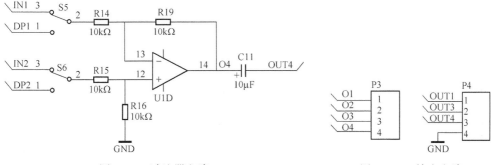

图 11-9 减法器电路　　　　　图 11-10 输出电路

11.2.4 半导体测温电路

图 11-11 所示是一个利用 PN 结测温的电路。该电路本质上是一个直流反相比例放大电路，带有调零电路和放大倍数调节电路。VT1 是晶体管，用于温度传感器，其 PN 结电压随温度升高而下降，经 U1B 构成的反相比例放大电路放大后送往 O2 输出端。

将 VT1 浸于冰水混合物中，调节 RP4，使得输出为零，这样当温度升高时，输出为正。调节 RP5，可以改变测量电路中的系数。

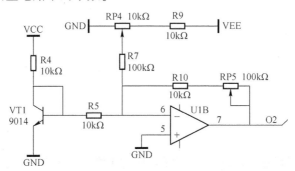

图 11-11 半导体 PN 结测温电路

[项目实施]

11.3 元器件清单

元器件清单列表见表 11-1，其中包含了直插和贴片两个版本所用的元器件，请注意区分。

表 11-1 运放电路元器件

序号	标号	型号	数量	元器件封装的规格	
				直插版	贴片版
1	R1~R6, R9~R16, R19	10 kΩ	15	RJ-0.25 W (AXIAL0.4)	0805
2	R7, R8	100 kΩ	2	RJ-0.25 W (AXIAL0.4)	0805
3	R17	1 kΩ	1	RJ-0.25 W (AXIAL0.4)	0805
4	R18	22 kΩ	1	RJ-0.25 W (AXIAL0.4)	0805
5	C1~C5, C8, C10, C11	10 μF/25 V	8	CD11	贴片电解电容

(续)

序号	标号	型号	数量	元器件封装的规格	
				直插版	贴片版
6	C6,C7,C9	0.1 μF	3	MLCC-63 V(RAD0.2)	0805
7	RP1~RP3	10 kΩ	3	3296 精密多圈电位器	
8	RP4	10 kΩ	1	3362 微调电位器	
9	RP5	100 kΩ	1	3362 微调电位器	
10	VT1	9014	1	TO-92	SOT23(J6)
11	U1	LM324	1	DIP-14	SOP-14
12	J1~J5	单排针 3 位		单排针截取	
13	S1~S6	SS-12F44	5	1 刀 2 位拨动开关	
14	P1	单排针 6 位	1	单排针截取	
15	P2	JK128-5.0	1	3 脚直针连接器	
16	P3,P4	单排针 4 位	2	单排针截取	
17	T1~T4	单排针 1 位	2	单排针截取	
18		PCB	1	定制	定制

11.4 印制电路板识读

本电路提供了直插与贴片两个版本,相应的印制电路板也有直插与贴片两个版本。

11.4.1 直插版识读

图 11-12 和图 11-13 分别是直插版运放电路的印制电路板图及其 3D 视图。

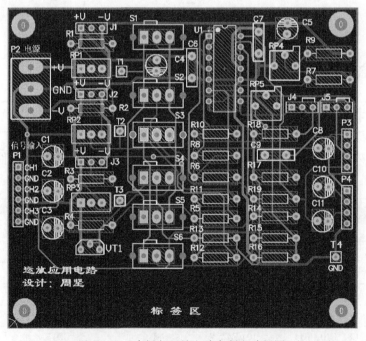

图 11-12 直插版运放电路印制电路板图

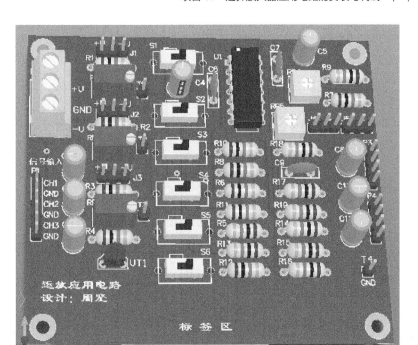

图 11-13 直插版运放电路 3D 视图

11.4.2 贴片版识读

图 11-14 是贴片版运放电路的印制电路板设计图。图 11-15 是贴片版运放电路的 3D 视图。

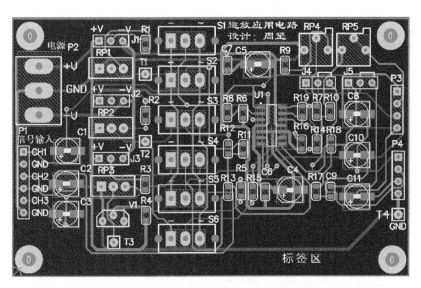

图 11-14 贴片版运放电路印制电路板图

图 11-16 所示是安装好的电路板。

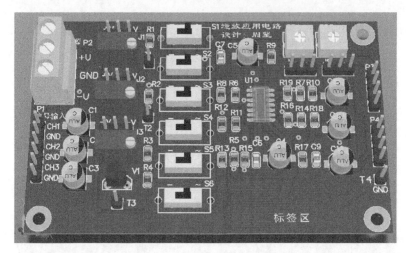

图 11-15　贴片版运放电路印制电路板 3D 视图

a) 直插版　　　　　　　　　　　　　　b) 贴片版

图 11-16　安装完成的运放电路板

11.5　电路安装

11.5.1　直插版安装

在印制电路板上找到相应元器件的位置，根据孔距、电路和装配方式的特点，将元器件引脚成形，进行元器件插装，插装的顺序为：先低后高、先小后大、先里后外、先轻后重、先卧后立，前面工序不影响后面的工序，并且要注意前后工序的衔接。本制作中安装顺序为：电阻→集成电路（插座）→3362 电位器→磁片（独石）电容→电解电容→接线端子。

插件装配应美观、均匀、端正、整齐、高低有序，不能倾斜。所有元器件的引线与导线均采用直脚焊，在焊面上剪脚留头大约 1 mm，焊点要求圆滑、无虚焊、无毛刺、无漏焊、无搭锡。

11.5.2　贴片版安装

拿取新的印制电路板时尽量不要触摸到焊接面，可以取印制电路板的边沿，或者用镊子取用。如果印制电路板已明显脏污，应使用洗板水或者无水酒精擦洗干净。

手工焊接贴片电路板时，一般通过焊接一个引脚的方法来固定贴片元器件。先在电路板上对元器件中的一个焊盘镀锡,然后左手拿镊子夹持元器件放到安装位置,右手拿烙铁靠近已镀锡焊盘熔化焊锡,将该引脚焊好。按此方法将所有贴片元器件焊好,其中多引脚元器件(贴片集成电路等)可以多焊几个引脚,检查所有元器件,确定没有歪斜后,接着可以焊好其他引脚。

11.6 电路调试

电路安装完成后,认真检查,确保没有焊接错误。使用万用表电阻档测量正负电源与 GND 之间的阻值,保证没有短路现象,接入±15 V 电源。

11.6.1 运放基本功能测试

使用短路帽短接 J1、J2 和 J3 的"+V"一侧,即准备正输入电压。分别调节 RP1、RP2 和 RP3,使得 T1、T2 和 T3 端的电压分别为 0.1 V、0.5 V 和 1 V。按以下要求测量并记录入表 11-2。

1) 拨动 S1 至左侧("-")端,测量 U1 的 1 脚输出(O1)端,即测量 P3 的 1 脚可得该电压,记录测量值。

2) 拨动 S2 和 S3 至左侧("-")端,测量 U1 的 8 脚(O3)端电压,并记录测量值。

3) 拨动 S2 和 S4 至左侧("-")端,S3 拨回到右侧("~")端,测量 U1 的 8 脚(O3)端电压,并记录测量值。

4) 拨动 S5 和 S6 至左侧("-")端,通过测量 P3 的 4 脚得到 U1 的 14 脚(O4)电压,记录测量值。

表 11-2 测量记录表

序号	条件			开关状态						输出		
	T1	T2	T3	S1	S2	S3	S4	S5	S6	O1	O3	O4
1	0.1 V	0.5 V	1 V	-	/	/	/	/	/			
2	0.1 V	0.5 V	1 V	/	-	-	~	/	/			
3	0.1 V	0.5 V	1 V	/	-	~	-	/	/			
4	0.1 V	0.5 V	1 V	/	/	/	/	-	-			

11.6.2 运放测温功能调试

调节 RP5 至左极限,调节 RP4,使用万用表 20 V 档测量 O2 输出电压,使得 O2 的值接近零。将万用表切换到 2 V 档,再次调节 RP4,使显示值更接近零,随后将万用表档位再切换至 200 mV 档,调节 RP4,使显示值在零点上下跳动。做这些调节工作时,尽量离 VT1 远一些。

用电烙铁接近 VT1,测量 O2 的值,观察其变化趋势并记录下来。

移开电烙铁,等待一段时间,将 RP5 调节至右极限,再次用电烙铁接近 VT1,测量 O2 的值,观察其变化趋势并记录下来。

[项目拓展] 探究运放交流信号处理

参考直流信号加入方法,加入交流信号,并使用示波器来观察各输出端的波形。自行设计表格，记录测量结果。

[项目评价]

项 目	配 分	评分标准	扣 分	得 分
焊接工艺	30	① 虚焊、漏焊、碰焊、焊盘脱落，每处扣2分，最多扣10分； ② 焊点表面粗糙、不光滑，有拉尖、毛刺、堆焊、焊点布局不均匀、夹渣，每处扣1分，最多扣10分； ③ 同类焊点大小明显不均匀，总体扣3分； ④ 表面不清洁，有大块焊剂或焊料残留，总体扣3分； ⑤ 焊接后的元器件引脚剪切不合理（过短、过长或长短不一），总体扣2分		
安装工艺	30	① 元器件标志方向、插装高度不符合工艺要求，每件扣1分，最多扣5分； ② 元器件引脚成形不符合工艺要求，每件扣1分，最多扣5分； ③ 元器件插装位置不符合要求，每件扣2分，最多扣8分； ④ 损坏元器件，每件扣2分，最多扣10分； ⑤ 整体排列不整齐，总体扣2分		
功能调试	30	① 无法实现加法器功能，扣10分； ② 无法实现减法器功能，扣10分； ③ 无法实现测温功能，扣10分		
安全文明操作	10	① 工作台上工具摆放不整齐，扣1分； ② 未按要求统一着装，仪容仪表不规范，扣1分； ③ 未能严格遵守安全操作规程，造成仪器设备损坏，扣5~8分		
总分	100			

项目 12　光控节能路灯的安装与调试

[项目引入]

光控灯、调光灯等已进入普通人的生活，图 12-1 是一个调光台灯。它是怎么工作的呢？通过本项目来探讨这个问题。

图 12-1　调光台灯

二维码 12-1
调光台灯

[项目学习]

12.1　基础知识

12.1.1　认识光敏电阻

光敏电阻是用硫化镉或硒化镉等半导体材料制成的特殊电阻器，图 12-2 所示是其外形，图 12-3 所示是其图形符号。光敏电阻的工作原理是基于光电效应，光照越强，阻值就越低，随着光照强度的升高，电阻值迅速降低，可小至 1 kΩ 以下。光敏电阻对光线十分敏感，在无光照时，呈高阻状态，暗电阻一般可达 1.5 MΩ。

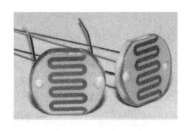

图 12-2　光敏电阻外形

图 12-3　光敏电阻图形符号

12.1.2 认识功率 MOS 晶体管

MOS 晶体管是金属氧化物半导体场效应管（Metal Oxide Semiconductor Field Effect Transistor）的简称，图 12-4 所示是 MOS 管的结构，图 12-5 所示是 MOS 管的图形符号。

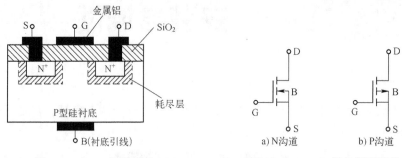

图 12-4　MOS 管的结构　　　图 12-5　MOS 管的图形符号

功率 MOSFET 场效应晶体管从驱动模式上看，属于电压型驱动控制元器件，驱动电路的设计比较简单，所需驱动功率很小。功率场效应晶体管与双极型功率晶体管之间的特性比较如下：

1）驱动方式：场效应晶体管是电压驱动，电路设计比较简单，驱动功率小；功率晶体管是电流驱动，设计较复杂，驱动条件选择困难，驱动条件会影响开关速度。

2）开关速度：场效应晶体管无少数载流子存储效应，开关工作频率高；功率晶体管有少数载流子存储时间限制其开关速度，工作频率较低。

3）安全工作区：功率场效应晶体管无二次击穿，安全工作区宽；功率晶体管存在二次击穿现象，限制了安全工作区。

4）峰值电流：功率场效应晶体管在开关电源中用作开关时，在启动和稳态工作时，峰值电流较低；而功率晶体管在启动和稳态工作时，峰值电流较高。

5）热击穿效应：功率场效应晶体管无热击穿效应；功率晶体管有热击穿效应。

6）开关损耗：场效应晶体管的开关损耗很小；功率晶体管的开关损耗比较大。

12.2　原理分析

图 12-6 所示是光控节能路灯的完整电路图。

12.2.1　负电源生成电路

本电路的运放电路需要正负电源供电，而电路由单电源供电，图 12-7 所示是负电源生成电路。该电路采用 MC34063 的经典电路，图中 R27 和 R28 并联，作为负电源的限流电阻，电容 C6 是定时电容，使用 330 pF 的磁片或者独石电容，L1 使用 220 μH 的贴片电感，D7 是肖特基二极管，它不能用常见的 1N4007 二极管替代。

12.2.2　功能模块电路

图 12-8 所示是功能模块电路，U1 组成 3.3 V 稳压电源，为功能模块电路供电，M1 是 OLED 功能模块。此电路是选装项，不安装不会影响项目的完整性。

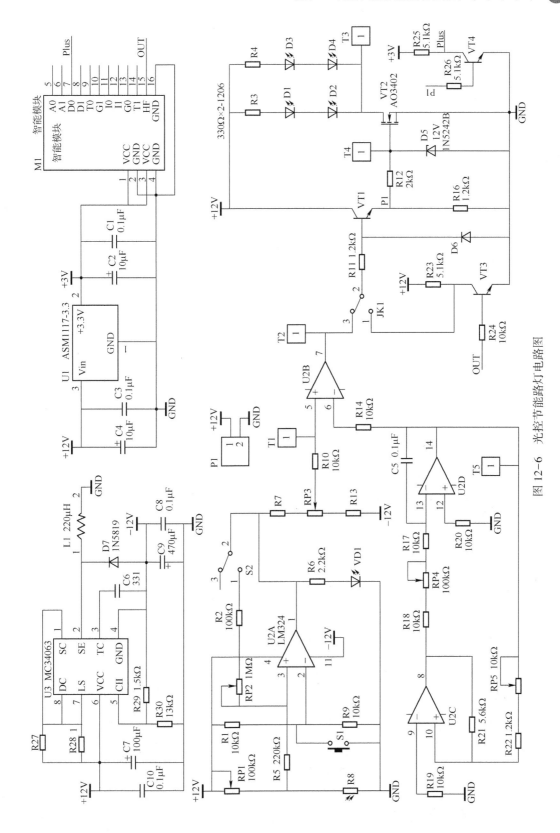

图 12-6 光控节能路灯电路图

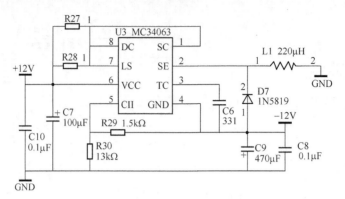

图 12-7　负电源生成电路

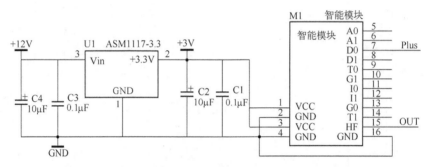

图 12-8　功能模块电路

12.2.3　比较器电路

图 12-9 所示是比较器电路，该电路通过 S1 开关可以选择两种工作状态，当 S2 拨至位置 3 时，即 RP2 不接入电路时，U2 构成同相输入端简单比较器；当 S2 拨至位置 1 时，U2 构成迟滞比较器电路。S1 是测试按钮，按下此按钮，2 脚被强制为 0 V。

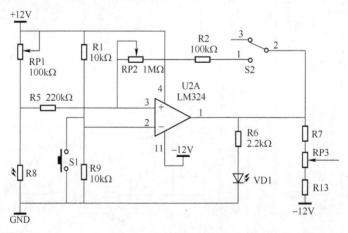

图 12-9　比较器电路

12.2.4　三角波发生器电路

图 12-10 所示是三角波发生器电路，调节 RP5 可以调节反馈强度，如果电路不能正常起

振，可以通过调节 RP5 使得电路进入振荡状态。RP4 用于调节振荡频率。

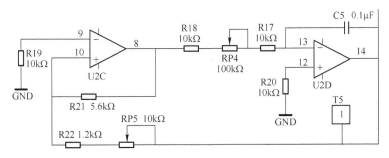

图 12-10　三角波发生器电路

12.2.5　PWM 波形生成电路

图 12-11 所示是 PWM 波形生成电路，R7 接到运放 U2A 的 1 脚（参考图 12-9），而 U2A 是比较器，因此它的输出是 $+U_{oMAX}$（这里约为 10 V），或者 $-U_{oMAX}$（这里约为 -10 V）。当 U2A 输出为 $+U_{oMAX}$ 时，调节 RP3，U2B 的同相输入端电压在 -9～+9 V 之间变化，而 U2B 的反相输入端接的是三角波发生器的输出端。当三角波的幅值超过了 U2B 同相输入端的电压时，输出为低电平，反之输出为高电平。即调节 RP3，调整预设的比较值，就可以在不同的时间输出高低电平，最终形成不同的输出脉冲宽度，即 PWM 波。

图 12-11 中 JK1 是一个三脚单排针，用来选择 PWM 波的来源。当 2 与 3 相连时，PWM 波来自运放电路，而 2 与 1 相连时，PWM 波来自智能显示模块，可用按键调整单片机生成的 PWM 波实现数字调光。

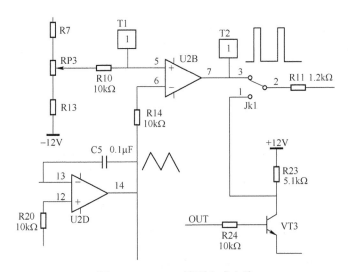

图 12-11　PWM 波形生成电路

图 12-12 所示是脉宽调制波形生成电路的工作波形，图中 U_p 是给定电压，当给定电压变化时，输出波形 U_o 脉宽发生变化。

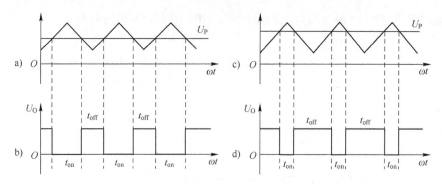

图 12-12　PWM 脉宽调制器的工作波形

12.2.6　LED 驱动电路

图 12-13 所示是 LED 驱动电路。本电路用的是大功率的 LED，4 个 LED D1~D4 额定功率为 1 W，这种 LED 的压降约为 3 V，其最大工作电流约为 350 mA，两组并联，通过改变限流电阻参数，流过 VT2 的最大电流可达 700 mA。

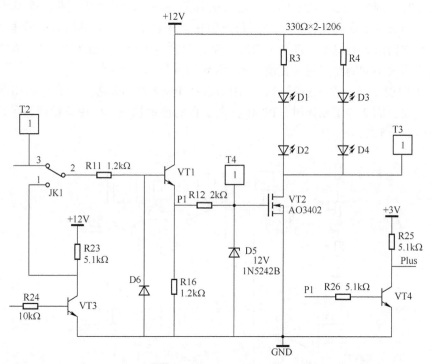

图 12-13　LED 驱动电路

VT2 的型号为 AO3402，其最大漏源电流为 4 A，导通电阻为 52 mΩ。本电路用了简单的驱动电路，VT1 组成射极跟随器，使得其具有足够低的输出阻抗，用于驱动 MOS 管。理论上 MOS 管输入阻抗极高，是不需要驱动电流的，但这是 MOS 管工作于静态或者极低工作频率时的情况，当 MOS 管工作于动态，即其输入端的信号是变化的脉冲波时，由于 MOS 管的栅源之间有寄生电容，电容需要充放电，因此驱动电路需要有足够的电流驱动能力。

[项目实施]

12.3 元器件清单

如表 12-1 所示是光控节能路灯的元器件列表。

表 12-1 光控节能路灯元器件

序 号	标 号	型 号	数 量	元器件封装的规格
1	R1,R9,R10,R14,R17,R18,R19,R20,R24	10 kΩ	9	0805
2	R2	100 kΩ	1	0805
3	R3,R4	330 kΩ	2	1206
4	R5	220 kΩ	1	0805
5	R6	2.2 kΩ	1	0805
6	R7,R13	1 kΩ	2	0805
7	R8	5506 光敏电阻	1	
8	R11,R16,R22	1.2 kΩ	3	0805
9	R12	2 kΩ	1	0805
10	R21	5.6 kΩ	1	0805
11	R23,R25,R26	5.1 kΩ	1	0805
12	R27,R28	1 Ω	2	1206
13	R29	1.5 kΩ	1	0805
14	R30	13 kΩ	1	0805
15	RP1,RP4	100 kΩ	2	3362 微调电位器
16	RP2	1 MΩ	1	3362 微调电位器
17	RP3,RP5	10 kΩ	2	3362 微调电位器
18	C1,C3,C5,C8,C10	0.1 μF	1	0805
19	C2,C4	10 μF/25 V	2	贴片电解电容
20	C6	330 pF	1	0805
21	C7	100 μF/25 V	1	贴片电解电容
22	C9	470 μF/25 V	1	贴片电解电容
23	VD1	红色 LED	1	3 mm 直插式
24	D1~D4	1 W 功率 LED	4	贴片(4金线)
25	D5	1N5242B 12 V	1	DO-41(直插式)
26	D6	1N4148	1	DO-35(直插式)
27	D7	1N5819	1	SOD123
28	U1	ASM1117-3.3	1	SOT23

(续)

序 号	标 号	型 号	数 量	元器件封装的规格
29	U2	LM324	1	SOP14
30	U3	MC34063	1	SOP8
31	VT1, VT3, VT4	2SC8050	3	SOT23 (J3Y)
32	VT2	AO3402	1	SOT23 (A29T)
33	L1	220μH	1	CD43
34	P1	JK128-5.0	1	2脚直针连接器
35	S1	轻触按钮	1	6 mm×6 mm, 柄高 12 mm
36	S2	SS-12F44	1	单刀双位拨动开关
37	JK1	单排3针	1	单排针截取
38	T1~T5	单排1针	5	单排针截取
39	M1	智能显示模块	1	定制
40		PCB	1	定制

以上元器件中，D1~D4 为 1W 圆形贴片功率 LED，图 12-14 所示是其外形。L1 是 220μH 贴片功率电感，其规格为 CD43 型，图 12-15 所示是其外形。CD43 是指外形尺寸，这一系列还有 CD31、CD42 等，具体的尺寸见表 12-2。

图 12-14 贴片功率 LED

图 12-15 CD43 功率电感

表 12-2 贴片电感尺寸系列

型 号	尺寸/mm	型 号	尺寸/mm	型 号	尺寸/mm
CD31	3.5×3.0×1.6	CD32	3.5×3.0×2.1	CD42	4.5×4.0×2.1
CD43	4.5×4.0×3.2	CD52	5.8×5.2×2.1	CD53	5.8×5.2×3.0
CD54	5.8×5.2×4.5	CD73	7.8×7.0×3.5	CD75	7.8×7.0×5.0

12.4 印制电路板识读

图 12-16 是光控节能路灯的印制电路板，图 12-17 和图 12-18 是其 3D 视图。对照元器件列表及印制电路板图，认真识别每一个元器件。

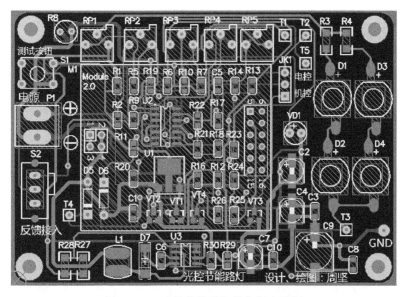

图 12-16　光控节能路灯的印制电路板

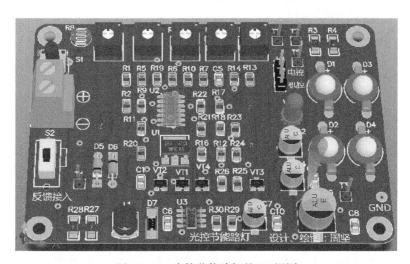

图 12-17　光控节能路灯的 3D 视图

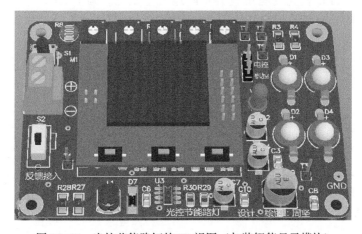

图 12-18　光控节能路灯的 3D 视图（加装智能显示模块）

12.5 电路安装

本电路的安装顺序如下,贴片电阻→贴片电容→贴片集成电路→3362 电位器→贴片电感→贴片功率 LED→单排针→开关→端子。

12.6 电路调试

接入 12 V 电源,测量 U3 的 3 脚电压应为−12 V。

12.6.1 光控电路调试

调试前用短路帽连接 JK1 至板控位。如果当前 VD1 没有点亮,按下 S1,观察 VD1 是否点亮,如果点亮,说明测试按钮正确。如果当前 VD1 已点亮,调节 RP1,观察 VD1 是否能熄灭,如果熄灭,按下测试按钮进行检测。测试按钮工作正确以后,用手遮挡 R8(光敏电阻),观察 VD1 是否点亮。如果遮挡后 VD1 能亮,移开后 VD1 熄灭,说明比较器电路工作正常。

12.6.2 PWM 生成电路调试

使用示波器测试 T5 的输出波形,观察是否有三角波。如果没有,可以调节 RP5,使电路能正常起振。调节 RP4,观察三角波频率的变化,记录入表 12-3(可自行增加项)中。

表 12-3 测量结果一

波形	波形的峰−峰值	波形的周期
	示波器 Y 轴量程档位	示波器 X 轴量程档位

使用示波器观察 T2 端的波形,在保证三角波正常工作时,调整 RP3,可以观察到 T2 端波形占空比的变化,将波形记录入表 12-4(可自行增加表项)中。在调节的过程中,如果后级驱动电路工作正常,LED 发光的亮度就会不断地发生变化。调节 RP4,当其值较大时,LED 不断闪烁,说明此时的三角波频率过低了,应将其适当调高。

表 12-4 测量结果二

波形	波形的峰−峰值	波形的周期
	示波器 Y 轴量程档位	示波器 X 轴量程档位

[项目拓展] 探究迟滞比较器

本电路设计了迟滞比较器,通过拨动开关 S2 决定是否接入反馈。研究一下为何要用迟滞比较器，迟滞比较器使用与不使用有何区别？

[项目评价]

项　目	配　分	评　分　标　准	扣　分	得　分
焊接工艺	30	① 虚焊、漏焊、碰焊、焊盘脱落，每处扣 2 分，最多扣 10 分； ② 焊点表面粗糙、不光滑，有拉尖、毛刺、堆焊、焊点布局不均匀、夹渣，每处扣 1 分，最多扣 10 分； ③ 同类焊点大小明显不均匀，总体扣 3 分； ④ 表面不清洁，有大块焊剂或焊料残留，总体扣 3 分； ⑤ 焊接后的元器件引脚剪切不合理（过短、过长或长短不一），总体扣 2 分		
安装工艺	30	① 元器件标志方向、插装高度不符合工艺要求，每件扣 1 分，最多扣 5 分； ② 元器件引脚成形不符合工艺要求，每件扣 1 分，最多扣 5 分； ③ 元器件插装位置不符合要求，每件扣 2 分，最多扣 8 分； ④ 损坏元器件，每件扣 2 分，最多扣 10 分； ⑤ 整体排列不整齐，总体扣 2 分		
功能调试	30	① 接入电源后始终无法点亮 LED，扣 10 分； ② 无法调节 LED 亮度，扣 10 分； ③ 无法让 LED 熄灭，扣 10 分		
安全文明操作	10	① 工作台上工具摆放不整齐，扣 1 分； ② 未按要求统一着装，仪容仪表不规范，扣 1 分； ③ 未能严格遵守安全操作规程，造成仪器设备损坏，扣 5~8 分		
总分	100			

项目 13　负反馈放大电路的安装与调试

[项目引入]

反馈是生产、生活中的一种常见现象。某个系统，它有输入端，输入的信号经过系统的处理后输出，如果将系统输出的全部或者部分送回到输入端，就是反馈。如果系统是指放大电路，图 13-1 所示是其框图。通过本项目来学习负反馈电路相关知识。

二维码 13-1
负反馈放大电路

图 13-1　反馈放大电路框图

[项目学习]

13.1　基础知识

含有反馈网络的放大电路称为反馈放大电路，反馈可分为负反馈和正反馈，图 13-2 所示是其示意图。

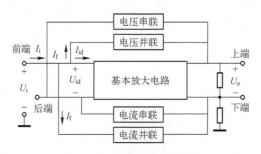

图 13-2　反馈电路示意图

反馈放大电路由基本放大电路和反馈网络组成，基本放大电路的两个输入端分别定义为"输入信号的前端"（简称为"前端"）和"输入信号的后端"（简称为"后端"）；"前端"与"后端"的电位差就是送到基本放大电路的净输入电压 U_{id}；放大电路的输出端分为"输出电压的上端"（简称为"上端"）和"输出电压的下端"（简称为"下端"）；图中的小长方形表示反馈桥梁，它是反馈网络的一部分或全部。反馈电路也有两个端子，它的右端若与输出电压的"上端"相连接，就构成了电压反馈；若与输出电压的"下端"相连接，就构成了电流反馈（注意：形成电流反馈时，下端不能直接接地，应该接一个电阻，否则就没有反馈了）。图中反馈电路的左端与输入回路连接，连接方式有串联和并联两种，如果与输入信号的"后端"相连接，反馈信号则以电压的形式与净输入电压相加减，构成串联反馈，若与输入信号的"前端"相连接，反馈信号则以电流的形式与输入电流分流（相加减）后，以净输入电流送入基本放大电路，就构成了并联反馈。因此反馈的基本类型有四种，即电压串联反馈、电压并联反馈、电流串联反馈和电流并联反馈。

13.2 原理分析

图 13-3 所示是负反馈放大电路的电路原理图。从图中可以看到，本电路分别由 VT1 和 VT2 组成的二级放大电路组成基本放大电路，辅之以 S1、S2、S4 等多个拨动开关引入或者不引入反馈信号，以便比较各种反馈对电路的影响。开关 S2 决定是否接入第 2 级放大电路，它的接入便于理解第二级放大电路是第一级放大电路的负载等概念。开关 S4 决定加入或不加入负载，同样可以作两种不同工况的比较。

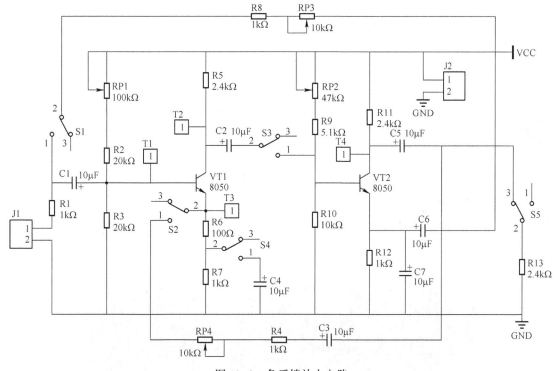

图 13-3 负反馈放大电路

RP1 和 RP2 分别用于调节第一级与第二级放大电路的静态工作点，RP3 和 RP4 分别用于调节反馈强度。

[项目实施]

13.3 元器件清单

元器件清单列表见表 13-1，其中包含了直插版和贴片版两个版本所用的元器件，请注意区分。

表 13-1 负反馈电路元器件

序号	标号	型号	数量	元器件封装的规格 直插版	元器件封装的规格 贴片版
1	R1，R4，R7，R8，R12	1 kΩ	5	RJ-0.25 W（AXIAL0.4）	0805
2	R2，R3	20 kΩ	2	RJ-0.25 W（AXIAL0.4）	0805
3	R5，R11，R13	2.4 kΩ	3	RJ-0.25 W（AXIAL0.4）	0805
4	R6	100 Ω	1	RJ-0.25 W（AXIAL0.4）	0805
5	R9	5.1 kΩ	1	RJ-0.25 W（AXIAL0.4）	0805
6	R10	10 kΩ	1	RJ-0.25 W（AXIAL0.4）	0805
7	C1~C7	10 μF	7	CD11	贴片电解电容
8	VT1，VT2	2SC8050	2	TO-92	SOT23（J3Y）
9	S1~S5	SS-12F44	5	单刀双掷拨动开关	
10	J1，J2	JK128-5.0	2	2 脚直针连接器	
11	RP1	100 kΩ	1	RM065 微调电位器	
12	RP2	47 kΩ	1	RM065 微调电位器	
13	RP3，PR4	10 kΩ	2	RM065 微调电位器	
14		PCB	1	定制	定制

13.4 印制电路板识读

本电路提供直插版及贴片版两种版本，可以根据需要选择制作。

13.4.1 直插版识读

图 13-4 是直插版负反馈放大电路印制电路板设计图，图 13-5 是印制电路板实物图，图 13-6 是印制电路板设计时生成的 3D 图。

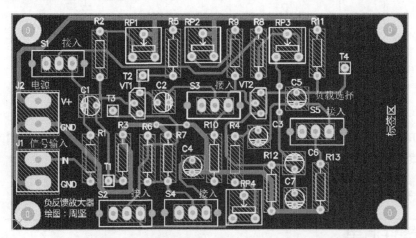

图 13-4 直插版负反馈放大电路印制电路板设计图

参考图 13-4、图 13-5 和图 13-6，并对照表 13-1，确认每个元器件。

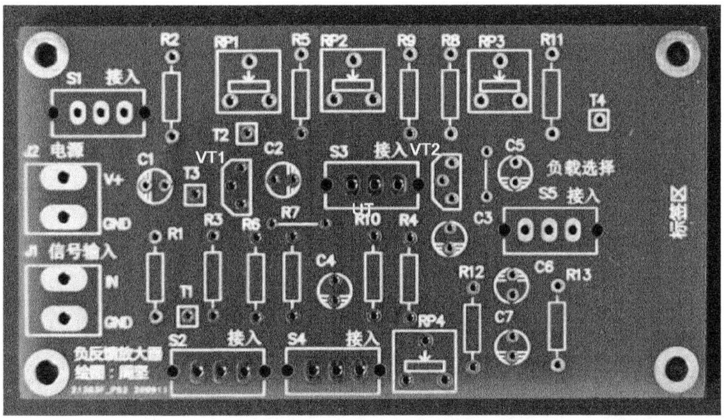

图 13-5　直插版负反馈放大电路印制电路板实物图

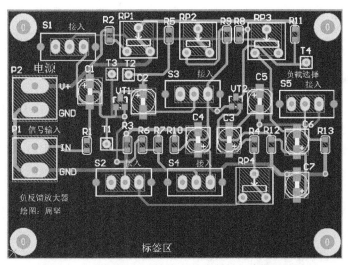

图 13-6　直插版负反馈放大电路印制电路板 3D 图

13.4.2　贴片版识读

图 13-7 是贴片版负反馈放大电路印制电路板设计图，图 13-8 是印制电路板实物图，图 13-9 是印制电路板设计时生成的 3D 图。

图 13-7　贴片版负反馈放大电路印制电路板设计图

参考图 13-8、图 13-9 和图 13-10，对照表 13-1，确认每个元器件。

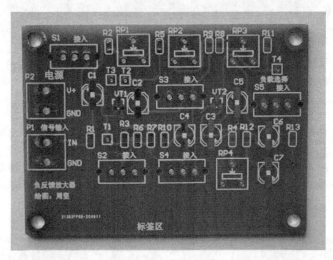

图 13-8 贴片版负反馈放大电路印制电路板实物图

图 13-9 贴片版负反馈放大电路印制电路板 3D 图

13.5 电路安装

13.5.1 直插版安装

在印制电路板上找到相应元器件的位置，根据孔距、电路和装配方式的特点，将元器件引脚成形，进行元器件插装，插装的顺序为：先低后高、先小后大、先里后外、先轻后重、先卧后立，前面工序不影响后面的工序，并且要注意前后工序的衔接。本制作中安装顺序为：电阻→集成电路（插座）→RM065 可调电阻→磁片（独石）电容→电解电容（按钮）→拨动开关→接线端子。

插件装配应美观、均匀、端正、整齐、高低有序，不能倾斜。所有元器件的引线与导线均采用直脚焊，在焊面上剪脚留头大约 1 mm，焊点要求圆滑、无虚焊、无毛刺、无漏焊、无搭锡。图 13-10 所示是直插版负反馈放大电路的实物图。

图 13-10 直插版负反馈放大电路实物图

13.5.2 贴片版安装

拿取新的印制电路板时尽量不要触摸到焊接面,可以取印制电路板的边沿,或者用镊子取用。如果印制电路板已明显脏污,应使用洗板水或者无水酒精擦洗干净。

固定贴片元器件,由于是手工焊,因此,一般通过焊接一个引脚的方法来固定贴片元器件。先在板上对元器件中的一个焊盘镀锡,然后左手拿镊子夹持元器件放到安装位置,右手拿烙铁靠近已镀锡焊盘熔化焊锡,将该引脚焊好。按此方法将所有贴片元器件焊好,其中多引脚元器件(贴片集成电路等)可以对角各焊 1 个引脚,检查元器件,确定没有歪斜后,接着焊好其他引脚。

13.6 电路调试

本电路使用 6 V 电源供电,接入 P2,注意标为 V+的正电源端。

调节 RP1,用万用表测量 VT1 的集电极电压(T2 端),使其电压值为 1/2VCC,即 3 V。
调节 RP2,用万用表测量 VT2 的集电极电压(T4 端),使其电压值为 1/2VCC,即 3 V。

1)将信号发生器调节到 1 kHz、20 mV,接入 P1 端,S3 拨至 1、2 端即印制电路板上接入位,将第一级放大电路与第二级放大电路相连,S5 拨至接入位,将负载电阻接入第二级放大电路。①S4 拨至断开位;②S4 拨至接入位,即将电容 C4 接入电路,分别用红、黑笔画出 T4 端的波形,见表 13-2。

表 13-2 测量结果一

波　形	波形的峰-峰值	波形的周期
	示波器 Y 轴量程档位	示波器 X 轴量程档位

2)将信号发生器调节到 1 kHz、20 mV,接入 P1 端,S3 拨至 1、2 端即印制电路板上"接入"位。S4 拨至印制电路板上"接入"位。①S2 拨至断开位;②S2 拨至接入位,RP4 拧至中间位置,分别用红、黑笔记录输入端及 T4 端波形,见表 13-3。

表 13-3　测量结果二

波　形	波形的峰–峰值	波形的周期
	示波器 Y 轴量程档位	示波器 X 轴量程档位

3)将信号发生器调节到 1 kHz、50 mV,接入 P1 端,S3 拨至 1、2 端即印制电路板上"接入"位。S4 拨至 1、2 端即印制电路板上"接入"位。①S1 拨至断开位;②S1 拨至接入,RP3 拧至中间位置。分别用红、黑笔记录输入端及 T4 端波形,见表 13-4。

表 13-4　测量结果三

波　形	波形的峰–峰值	波形的周期
	示波器 Y 轴量程档位	示波器 X 轴量程档位

4)将信号发生器调节到 1 kHz、50 mV,接入 P1 端,S3 拨至 1、2 端即印制电路板上"接入"位。S4 拨至印制电路板上"接入"位。S2 拨至接入,①RP4 逆时针拧至底;②RP4 顺时针拧至底,分别用红、黑笔记录输入端及 T4 端波形,见表 13-5。

表 13-5　测量结果四

波　形	波形的峰–峰值	波形的周期
	示波器 Y 轴量程档位	示波器 X 轴量程档位

[项目拓展]　自主探究其他情况

自行设计表格记录其他各种情况下的波形及更详细的测试数据,包括调节 RP3 和 RP4 时不同情况下的输出电压值,探索反馈量与电路放大倍数之间的关系。

[项目评价]

项　目	配　分	评 分 标 准	扣　分	得　分
焊接工艺	30	① 虚焊、漏焊、碰焊、焊盘脱落，每处扣2分，最多扣10分； ② 焊点表面粗糙、不光滑，有拉尖、毛刺、堆焊、焊点布局不均匀、夹渣，每处扣1分，最多扣10分； ③ 同类焊点大小明显不均匀，总体扣3分； ④ 表面不清洁，有大块焊剂或焊料残留，总体扣3分； ⑤ 焊接后的元器件引脚剪切不合理（过短、过长或长短不一），总体扣2分		
安装工艺	30	① 元器件标志方向、插装高度不符合工艺要求，每件扣1分，最多扣5分； ② 元器件引脚成形不符合工艺要求，每件扣1分，最多扣5分； ③ 元器件插装位置不符合要求，每件扣2分，最多扣8分； ④ 损坏元器件，每件扣2分，最多扣10分； ⑤ 整体排列不整齐，总体扣2分		
功能调试	30	① 有输入信号时输出端无输出信号，扣15分； ② 调节各开关，输出信号均无变化，扣15分		
安全文明操作	10	① 工作台上工具摆放不整齐，扣1分； ② 未按要求统一着装，仪容仪表不规范，扣1分； ③ 未能严格遵守安全操作规程，造成仪器设备损坏，扣5~8分		
总分	100			

项目 14　电子沙漏计时器电路的安装与调试

[项目引入]

沙漏也叫沙钟，是一种测量时间的装置。沙漏通常由两个玻璃球和一个狭窄的连接管道组成，图 14-1 所示是其外形。通过充满了沙子的玻璃球从上面穿过狭窄的管道流入底部玻璃球所需要的时间来对时间进行测量。一旦所有的沙子都已流到底部的玻璃球，该沙漏就可以被颠倒以测量时间了。本项目是要做一个模拟沙漏运行的电子计时器，通过这个计时器似乎可以看到一粒粒流动的沙子代表逝去的时间。

二维码 14-1
沙漏

图 14-1　沙漏外形

[项目学习]

14.1　基础知识

14.1.1　认识滚珠开关

滚珠开关也叫钢珠开关、珠子开关，是振动开关的一种，是通过珠子滚动接触导针的原理来控制电路的接通或者断开的。

简单来说，如同打开或关掉电灯一样，开关触碰里头的金属板电灯就亮，离开就关，滚珠开关也是利用类似的原理。利用开关中的小珠的滚动，制造与金属端子的触碰或改变光线行进的路线，就能产生导通或不导通的效果。图 14-2 是滚珠开关的通断状态。

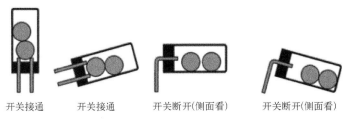

图 14-2　滚珠开关的通断状态

滚珠开关目前已有许多不同类型的产品,包括角度感应开关、振动感应开关、离心力感应开关、光电式滚珠开关。以往此类型开关以水银开关为主,把水银(汞)当作触发元器件,但自从各国陆续禁用水银后,触发元器件就为滚珠所取代,图 14-3 和图 14-4 分别是水银开关和滚珠开关的外形。

图 14-3　水银开关　　　　　　图 14-4　滚珠开关

14.1.2　认识 LED 矩阵显示电路

在单片机电路中,LED 由单片机的引脚控制,通常一个 LED 由一条引脚控制,图 14-5 所示是用 P1.0 引脚控制了一个 LED 的阴极,而 LED 的阳极通过一个限流电阻接+5 V 电源。当 P1.0 引脚为高电平时 LED 不亮,而当 P1.0 为低电平时 LED 点亮,这就是单片机控制 LED 的原理。

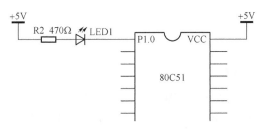

图 14-5　单片机 P1.0 引脚控制一个 LED 阴极

当所需控制的 LED 数量较多时,如果采用这种方式,所需要的单片机引脚就会很多,此时可以采用矩阵控制方式。图 14-6 所示是 20 个 LED 的显示电路,如果每一个引脚控制一个 LED,就需要 20 条引脚。但如果使用矩阵方式,仅 9 条引脚就可以了。为说明工作原理,图 14-6 使用了一个转换开关 S,将 LED 的阳极接入 VCC,而同一行 5 个 LED 的阴极连在一起接入一条单片机引脚。

当开关 S 转换至位置 "1" 时,只有第一列 LED 获得供电。此时若 P1.0 引脚为低电平,则 D1 被点亮,而同一行上的 D5、D9、D13、D17 均不会亮。同理,当开关 S 拨至 2 时,同样是 P1.0 引脚为低电平,则 D5 被点亮,而 D1、D9、D13、D17 均不会点亮。若开关 S 以一定的速度接通 1~5 号线，则可以控制 P1.0~P1.3 点亮任意 LED，虽然不同列的 LED 是分时点亮的，但只要 S 转换的速率足够高，就可以达到看起来同时点亮的效果。这个速率取决于人眼的"视觉暂留"效应。实际电路中，开关 S 使用单片机的 I/O 引脚来替代。其切换速率是每 4 ms 切换一次，这样就可以达到良好的显示效果。

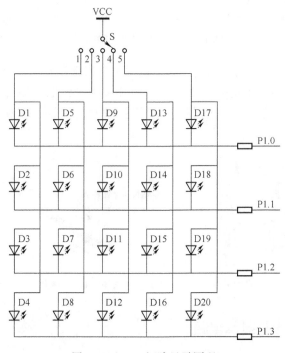

图 14-6 LED 矩阵显示原理

14.2 原理分析

图 14-7 所示是电子沙漏的完整原理图。它由单片机、按钮、滚珠开关、多彩（七彩）LED、LED 显示矩阵电路等部分组成。

14.2.1 单片机及开关电路

本电路中用的单片机型号为 STC15W408AS，16 脚 SOP 封装。该型号单片机除 VCC 和 GND 引脚外，还有 14 个 I/O 引脚。其中 P1.0~P1.4 这 5 个引脚被作为矩阵的竖直输出；而 P3.2、P3.3、P3.6、P3.7 作为水平输出。P3.0、P3.1 及 P1.5 分别用于七彩灯的 G、B、R 驱动。按键开关 K1 接入 P5.5，而位置开关接入 P5.4。J2 是编程插座，可以用编程器接入编程。

14.2.2 多彩 LED 电路和蜂鸣器电路

多彩 LED 电路有 4 个引脚，即一个公共端和 R、G、B 三个独立引脚，这里使用的是共阳极的七彩灯，因此将公共端接到 VCC，而 R、G、B 三个引脚通过限流电阻接到单片机引脚。图 14-8 是蜂鸣器电路，通过 PNP 晶体管驱动蜂鸣器，晶体管通过电阻 R8 接到单片机的 P5.5 引脚上。

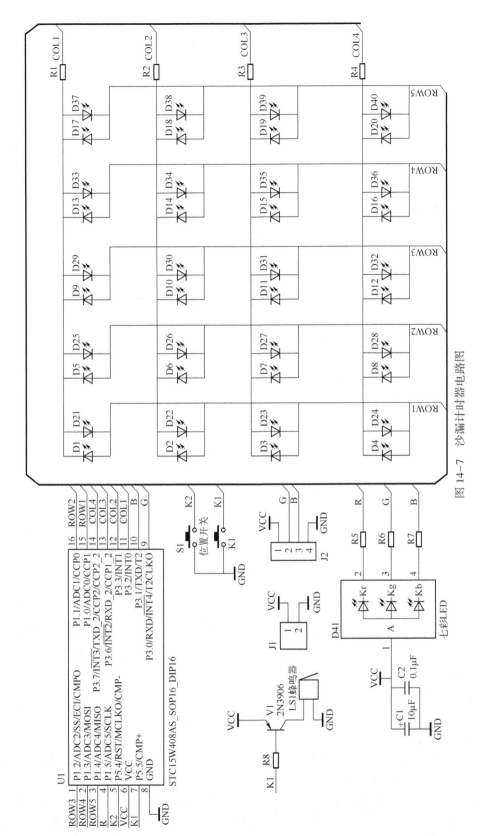

图 14-7 沙漏计时器电路图

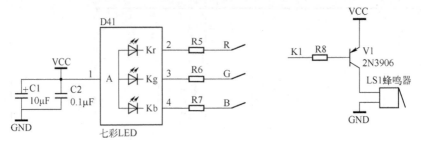

图 14-8 蜂鸣器电路

14.2.3 双向 LED 矩阵电路

图 14-9 所示是本项目所用双向 LED 矩阵电路，它可以看作是两个显示矩阵的反向并联。

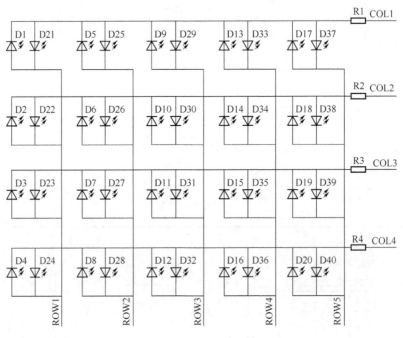

图 14-9 LED 矩阵电路

这个电路比较特殊，它是利用了 STC15W408AS 单片机的 I/O 特性，这种单片机的 I/O 引脚共可设置为四种模式：准双向口/弱上拉、推挽输出、高阻输入及开漏输出功能。其中推挽输出模式具有双向输出能力，也就是既能流入（吸入）电流，也能输出（吐出）电流。以 D1 和 D21 为例，这两个发光二极管反向并联，分别接入 COL1 及 ROW1（P3.2 和 P1.0）引脚。当 COL1 输出高电平，ROW1 输出低电平时，D21 可以被点亮；反之，COL1 输出低电平，而 ROW1 输出高电平时，D1 可以被点亮。

如果去掉 D21~D40 这 20 个发光二极管，只留下 D1~D20 这 20 个发光二极管，这就是一个 4×5 的矩阵，其中 ROW1~ROW5 这 5 个引脚是输出电流，而 COL1~COL2 这 4 个引脚流入电流。因此，要点亮这 20 个发光二极管，需要将 ROW1~ROW5 设置为推挽模式，用于"吐出"电流；而 COL1~COL4 既可以设置为推挽模式，也可以设置为准双向口模式，用于输入电流。图 14-10a 所示是将水平方向送出低电平，竖直方向送出高电平的状态。

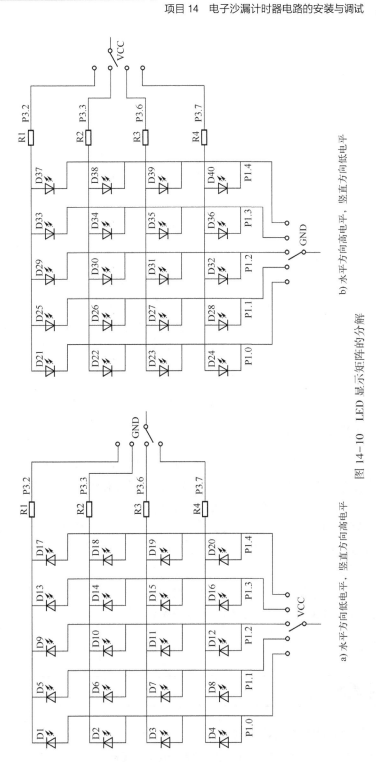

图 14-10 LED 显示矩阵的分解

同样，如果去掉 D1~D20，则余下的 D21~D40 共 20 个发光二极管也是一个 4×5 的矩阵，COL1~COL4 必须设置为推挽模式，用于"吐出"电流；而 ROW1~ROW5 可以设置为推挽模式，也可以设置为准双向口模式，用于输入电流。图 14-10b 所示是将水平方向送出高电平，竖直方向送出低电平的状态。

14.3 关联知识

14.3.1 认识面板

图 14-11 所示是本项目所用的 F2 型机壳，其尺寸为 158 mm×90 mm×60 mm。

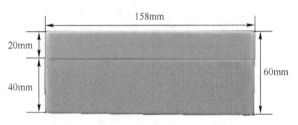

图 14-11 F2 机壳的外形尺寸

图 14-12 所示是使用 F2 机壳设计的沙漏计时器面板。

14.3.2 认识视觉暂留现象

物体在快速运动时，当人眼所看到的影像消失后，人眼仍能继续保留其影像 0.1~0.4 s 的图像，这种现象称为视觉暂留，它是动画、电影等视觉媒体形成和传播的根据。视觉实际上是靠眼睛的晶状体成像，感光细胞感光，并且将光信号转换为神经电流，传回大脑引起人体视觉。感光细胞的感光是靠一些感光色素，感光色素的形成是需要一定时间的，这就形成了视觉暂留的机理。

视觉暂留现象首先被中国人运用，走马灯便是历史记载中最早的视觉暂留运用。宋时已有走马灯，当时称"马骑灯"，图 14-13 所示是这种灯的工作原理。它的框架由竹条编扎而成，四周用可以透光的纸糊裱，走马灯的底部点燃蜡烛加热空气，热气流推动上方叶片转动，轮轴带动剪纸旋转，阴影投射在糊裱上，即现出奔跑图像。

[项目实施]

14.4 元器件清单

表 14-1 所示是沙漏计时器元器件列表。

表 14-1 电子沙漏计时器元器件

序号	标号	型号	数量	元器件封装的规格
1	C1	10 μF/16 V	1	贴片电解电容
2	C2	0.1 μF	1	0805
3	D1~D40	红色 LED	40	3 mm 直插式
4	D41	共阳极多彩发光管	1	5 mm 直插式

(续)

序号	标号	型号	数量	元器件封装的规格
5	J1	XH2.54	1	2脚直针连接器
6	J2	4脚单排针	1	单排针
7	K1	轻触式按钮	1	6 mm×6 mm，柄高 12 mm
8	R1~R4	470 Ω	4	0805
9	R5~R7	1 kΩ	3	0805
10	S1	SW520D	1	位置开关
11	V1	2SC8550	1	STO23（2TY）
12	U1	STC15W408	1	SOP16
13	LS1	16R	1	直径 12 mm 无源蜂鸣器
14		2节5号	1	电池（配电池盒）
15		PCB	1	定制

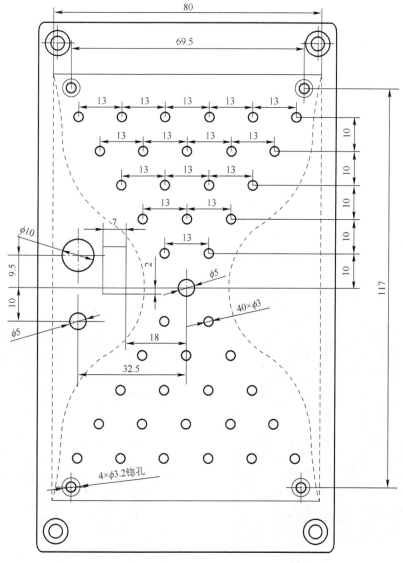

图 14-12 沙漏计时器面板设计图

图 14-13 走马灯原理

14.5 印制电路板识读

图 14-14 和图 14-15 分别是电子沙漏的印制电路板及其实物图，对照元器件列表，认清楚各元器件。

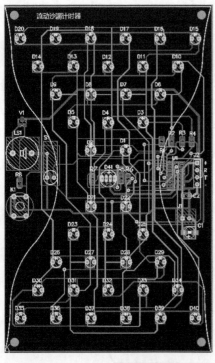

图 14-14 电子沙漏印制电路板图

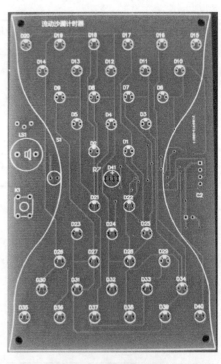

图 14-15 电子沙漏印制电路板实物图

14.6 电路安装

安装顺序：U1（STC15W408AS-SOP16）、贴片电阻、贴片电容、位置开关、按钮、蜂鸣器、发光二极管、电解电容、接插件。安装时可参考图14-16，注意发光二极管、按钮、蜂鸣器、位置开关等安装于元器件面，且位置开关应按图14-16所示方式安装，否则LED将会倒着流动。电阻、电容、集成电路等安装于焊接面（bottom layer）。图14-17所示是安装好后的实物图。

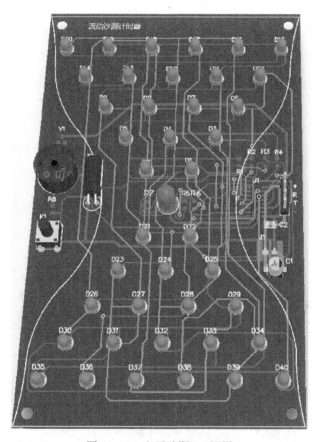

图 14-16 电子沙漏 3D 视图

电路安装时必须注意LED的高度、轻触按键的高度配合关系。将所有贴片元器件安装好以后，焊好蜂鸣器及按键，将所有发光二极管插入孔中，不要焊接，然后将电路板装入面板，使LED与面板孔完全配合，用力将LED插到位，调整平整，然后焊好每个LED的一个引脚，取下电路板，再次观察LED，查看所有LED是否平整。如机壳中的孔有毛刺有可能会使LED落不到位，此时应检查对应的机壳LED透光孔，如有毛刺应去除。然后调整该LED高度，使其与其他LED齐平，最后焊上LED的另一个引脚。

电路板安装完成后将电路板装入面板，所有LED与面板上的孔一一对应。图14-18所示是将电子沙漏装入机壳后的外观。

图 14-17 电子沙漏实物图

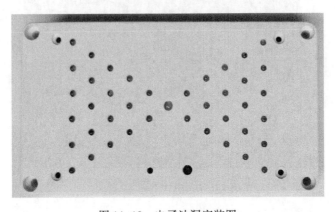

图 14-18 电子沙漏安装图

14.7 电路调试

本电路使用单片机,因此调试较为简单。以下调试以电路板竖立,且 D1~D20 在下方为例。当电路板倒过来时,显示形式与前述方式相同。

14.7.1 开机

接通电源以后,位于电路板中间的 D41 中显示红光,蜂鸣器"嘀、嘀、嘀"响三声,红光熄灭,蓝光点亮。

14.7.2 时间设定

按下设置键,蓝光熄灭,同时 D1 和 D2 点亮,显示出图 14-19a 所示字符"一",再次按下按键,可以在图 14-19b 显示"二"、图 14-19c 显示"三"这三种状态下切换。显示"二"时,D1 和 D2 点亮,D3、D4 和 D5 点亮;显示"三"时,除前两行外,第 3 行即 D6~D9 点亮。再显示切换的时间,D41 用红光闪烁表示按键有效。

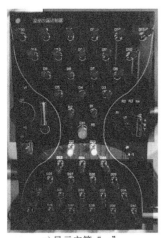 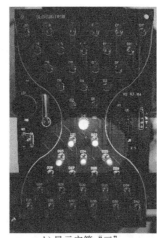 

a) 显示字符"一"　　　　　b) 显示字符"二"　　　　　c) 显示字符"三"

图 14-19　时间设定

14.7.3 计时过程

长按设置键,红光熄灭,蓝光点亮,松开按键,计时开始。LED 流动显示,D1~D20 依次点亮,当 D20 亮后不再熄灭;再次从 D1 开始点亮,一直流动到 D19,D19 点亮不再熄灭;依次不断重复,点亮的 LED 个数不断增加,直到所有 LED 点亮,说明定时时间到,此时蜂鸣器连响 3 声,表示定时时间到。

当定时时间到后,翻转电路板,即可按刚才所设定的时间重新开始计时。

[项目拓展] 探究单键编程方法

本项目涉及单键操作问题。当仪器或设备有多个功能要求,但只能有一个按键时,应该怎么处理呢?当前程序使用了"短按"和"长按"来区分两种操作,同时又用灯光颜色的不同来反馈给使用者。那么你觉得在当前条件下(七彩灯和一个按键),可以区分出多少种不同的操作呢?列个表试试。

[项目评价]

项　　目	配　分	评分标准	扣　分	得　分
焊接工艺	20	① 虚焊、漏焊、碰焊、焊盘脱落，每处扣2分，最多扣6分； ② 焊点表面粗糙、不光滑，有拉尖、毛刺、堆焊、焊点布局不均匀、夹渣，每处扣1分，最多扣4分； ③ 同类焊点大小明显不均匀，总体扣3分； ④ 表面不清洁，有大块焊剂或焊料残留，总体扣3分； ⑤ 焊接后的元器件引脚剪切不合理（过短、过长或长短不一），总体扣2分		
安装工艺	15	① 元器件标志方向、插装高度不符合工艺要求，每件扣1分，最多扣3分； ② 元器件引脚成形不符合工艺要求，每件扣1分，最多扣3分； ③ 元器件插装位置不符合要求，每件扣1分，最多扣3分； ④ 损坏元器件，每件扣1分，最多扣4分； ⑤ 整体排列不整齐，总体扣2分		
整机安装工艺	25	① 发光二极管顶部与机壳面板相距高低不平，每个扣1分，最多扣10分； ② 螺钉选择不当致按钮无法露出恰当长度扣5分； ③ 螺钉型号选错，每个扣2分，最多扣5分； ④ 电池盒型号选错（正确为2节电池盒，如选择3节电池盒为错误）扣5分		
功能调试	30	① 无法进入设置状态，扣10分； ② 无法进入运行状态，扣10分； ③ 沙漏倒转功能状态没有发生变化，扣10分		
安全文明操作	10	① 工作台上工具摆放不整齐，扣1分； ② 未按要求统一着装，仪容仪表不规范，扣1分； ③ 未能严格遵守安全操作规程，造成仪器设备损坏，扣5~8分		
总分	100			

项目 15 可测温圆盘电子钟电路的安装与调试

[项目引入]

电子钟是一种利用数字电路来显示秒、分、时的计时装置，与传统的机械钟相比，它具有走时准确、显示直观、无机械传动装置等优点，因而得到广泛的应用。电子钟的品种极多，图 15-1 所示是使用液晶显示屏制作的一款电子钟，同时它还具有测温功能。电子钟也是一个非常理想的电子制作素材，有关电子钟的各类制作层出不穷。本项目利用发光管的依次点亮来模拟秒针的动作过程，不需要机械部分就可实现秒针的动作。

图 15-1 电子钟

[项目学习]

15.1 基础知识

15.1.1 温度测量方法

热敏电阻是敏感元器件的一类，图 15-2 所示是各种热敏电阻的外形。按照温度系数不同分为正温度系数热敏电阻（PTC）和负温度系数热敏电阻（NTC），用来测温的通常都是负温度系数热敏电阻（NTC）。热敏电阻的典型特点是对温度敏感，不同的温度下表现出不同的电阻值，图 15-3 所示是 NTC（22 kΩ、820 Ω）以及 GM103 型热敏电阻的温度曲线。NTC 测温电阻的测量范围一般为 −10~+300℃，也可做到 −200~+10℃，甚至可用于 +300~+1200℃ 环境测温。

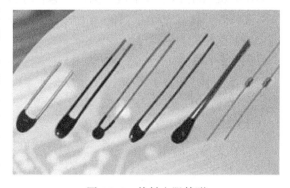

图 15-2 热敏电阻外形

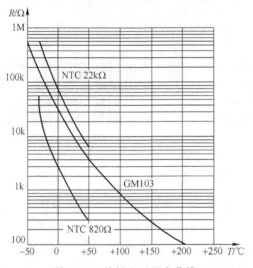

图15-3　热敏电阻温度曲线

15.1.2　认识 DS1302 集成电路

DS1302 是 DALLAS 公司推出的涓流充电时钟芯片，内含实时时钟/日历和 31Byte 静态 RAM，通过串行接口与单片机进行通信。图 15-4 是 DS1302 的两种封装，图 15-5 是 DS1302 的引脚图。

  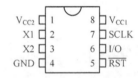

图15-4　DS1302 的两种封装　　　　图15-5　DS1302 引脚图

- 实时时钟/日历电路提供秒、分、时、日、月、年的信息，每月的天数和闰年的天数由芯片自动调整。时钟操作可通过 AM/PM 指示决定，采用 24 或 12 小时格式；
- DS1302 与单片机之间采用同步串行的方式进行通信，仅需用到三个引脚；
- DS1302 工作时功耗很低，保持数据和时钟信息时功率小于 1 mW；
- 实时时钟具有能计算 2100 年之前的秒、分、时、日期、星期、月、年的能力，还有闰年调整的能力；
- 内部带有 31Byte8 位数据存储 RAM，可用于数据的断电保护等场合；
- 工作电压范围宽，工作电压为 2.0~5.5 V；工作电流小，在 2.0 V 时小于 300 nA；
- 读/写时钟或 RAM 数据时，有单字节传送和多字节传送字符组两种传递方式。

DS1302 的各引脚功能如下：

X1、X2：32.768 kHz 晶振脚；VCC1、VCC2：电源供电脚；GND：地；$\overline{\text{RST}}$：复位脚；I/O：数据输入/输出脚；SCLK：串行时钟。

15.1.3 认识 Mini USB 接口

Mini USB 又称迷你 USB，是一种 USB 接口标准，USB 是英文 universal serial BUS 的缩写，中文含义是"通用串行总线"，是为在 PC 与数码设备间传输数据而开发的技术。标准 USB、Mini USB、MicroUSB 成为目前最常见的 USB 接口。与标准 USB 相比，Mini USB 更小，适用于移动设备等小型电子设备。

图 15-6a 所示是 Mini USB A、B 的触点定义，图 15-6b 是 Mini USB 连接器的实物图。Mini USB 各引脚定义如下：1：VBUS（4.4~5.25 V）；2：D-；3：D+；4：ID；5：接地。

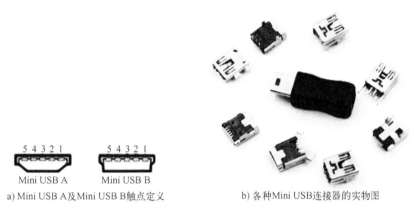

a) Mini USB A 及 Mini USB B 触点定义 b) 各种 Mini USB 连接器的实物图

图 15-6 Mini USB 端口图及实物图

15.1.4 认识带冒号数码管

观察各类数字时钟，可以发现其小时和分钟之间有冒号闪烁显示，本项目制作中使用带冒号数码管来实现这一功能。图 15-7 所示是这一数码管外形及各部分定义、尺寸。

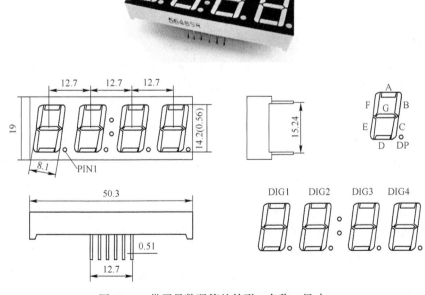

图 15-7 带冒号数码管的外形、名称、尺寸

图 15-8 所示是带冒号数码管的内部结构图,其中两个冒号(DP5、DP6)分别接入第 3 位和第 4 位的 COM 端,另外,经实测,虽然这 4 个数码管的外观上有 4 位小数点,但实际电路中这些小数点并不会显示。

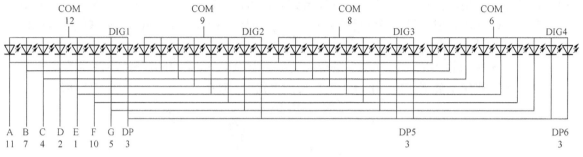

图 15-8 带冒号数码管的内部结构图

15.2 原理分析

图 15-9 所示是圆盘电子钟的全部原理图。

15.2.1 时钟电路

图 15-9 中 DS1302 接口电路所连接 Y1 是 32768 Hz 晶振,BT1 是备份电池,型号为 CR1220,用于电路断电后时钟的继续运行。

15.2.2 测温及测光电路

本电路附带测温及测光电路,这里利用热敏电阻随温度变化而变化的特性、光敏电阻随光照强度变化而变化的特点,标号 RM 处的对地电压随温度变化而变化,而标号 GM 处的对地电压随光照强度的变化而变化。测出电压值即可计算出温度、光照强度。

15.2.3 数码管及 LED 驱动电路

本电路的 60 个 LED 驱动及四位数码管统一编组,每个数码管有 8 个字段,分别通过限流电阻接至 P2.0~P2.7 这 8 个引脚。四位数码管为共阳极,每个数字笔段的 LED 阳极连接在一起引出数码管外,即图中的 W1~W4 这四个引脚。60 个 LED 分成 8 组,每 8 个 LED 的阳极连接在一起引出,其中第 8 组只有 4 个 LED。8 组 LED 的阳极标号分别为 W5~W12。以上 12 个引脚分别接至 P3.3~P3.7、P1.2~P1.7 及 P5.4 这 12 个引脚,这些引脚用作位驱动。

15.2.4 按键及音响电路

按键分别接到 P3.0 及 P3.1 两个引脚,这两个引脚同时用作串行下载,但在正常工作时串行下载并不起作用。P3.1 同时还用作 DS1302 的一个接口,但在需要检测按键时,可以暂时停止 DS1302 的工作,这样 DS1302 不会影响按键的判断。不过如果在读写 DS1302 时有按键操作,会影响到 DS1302 的数据读写。为此要求开机时不要按下按键 K2,而在其后的工作中由于写 DS1302 的操作不断重复,这并不会影响到 DS1302 的写操作。

P3.0 连接晶体管 VT1,驱动蜂鸣器 LS1。

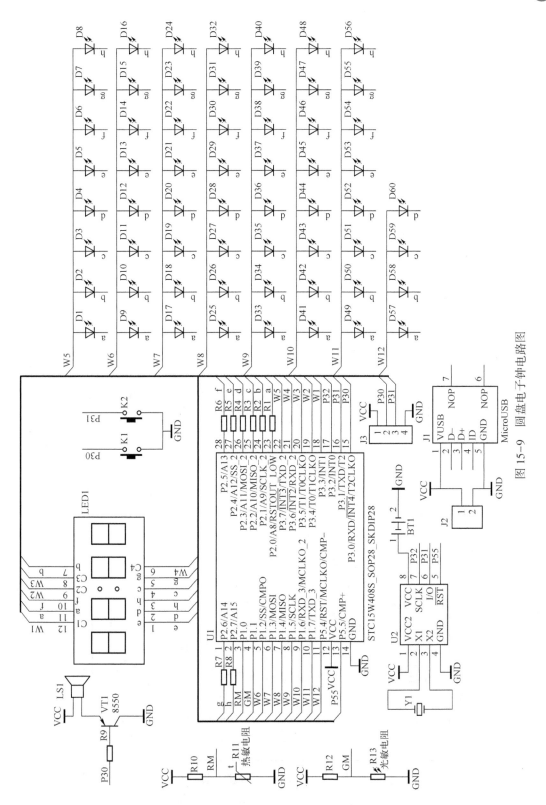

图 15-9 圆盘电子钟电路图

15.3 相关知识

15.3.1 认识面板设计图

本电子钟使用 F3 防水盒作为其外壳,图 15-10 所示是电子钟面板设计图。图中:
1) 光敏电阻透光孔。
2) 测温电阻的透气孔。
3) 4 位数码管的显示孔。
4) 蜂鸣器透声孔,共 13 个 1.5 mm 小孔。
5) 两个按键孔。

除此之外,面板上还有 60 个 LED 发光孔、4 个螺钉安装孔等元素。

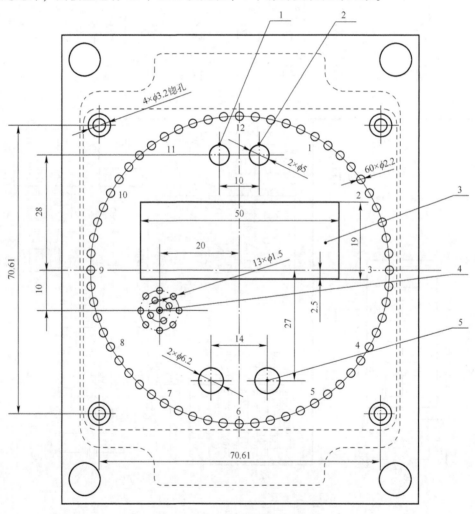

图 15-10 电子钟面板设计图

15.3.2 认识薄膜面板

薄膜面板是一种集装饰性与功能性为一体的面板,用 PVC、PC、PET 等柔性塑胶材料制成,上面可印刷既定的图形、文字说明、透明窗等，兼具标识和保护作用。图 15-11 所示是各种薄膜面板。薄膜面板外形美观，图文清晰，密封性好，具有防水、防变形、防污染、防高温、黏性极强等特点，广泛应用于智能化电子测量仪器、医疗仪器、计算机控制、数控机床、电子衡器、邮电通信、复印机、电冰箱、微波炉、电风扇、洗衣机、电子游戏机等各类工业及家用电器产品。

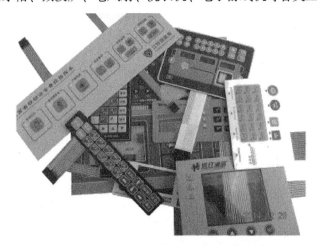

图 15-11　薄膜面板

[项目实施]

15.4　元器件清单

如表 15-1 所示是圆盘电子钟的元器件列表。

表 15-1　圆盘电子钟元器件

序号	标号	型号	数量	元器件封装的规格
1	R1~R8	100 Ω	8	0805
2	R9，R10，R12	10 kΩ	3	0805
3	R11	NTC-M52-10 kΩ 热敏电阻	1	
4	R13	5506 光敏电阻	1	
5	Y1	32768 Hz 晶振	1	ϕ3 mm×8 mm 圆柱形晶振
6	VT1	8550	1	SOT23（2TY）
7	LS1	16R	1	ϕ12 mm 无源蜂鸣器
8	K1，K2	轻触按键	2	6 mm×6 mm，柄高 9.5 mm
9	U1	STC15W408AS	1	SOP28
10	U2	DS1302	1	SOP8
11	D1~D60	红色发光二极管	60	3 mm 直插式
12	J1	Mini USB 插座	1	直针连接器
13	J2	XH2.54	1	2 脚直针连接器
14	J3	4 脚单排针	1	单排针截取
15	BT1	CR1220	1	锂电池（配贴片座）
16	LED1	5643BS	1	0.56 in 4 位共阳极（带冒号）
17		F3 机壳	1	定制
18		PCB	1	定制

15.5 印制电路板识读

图 15-12 所示为圆盘电子钟印制电路板图，图 15-13 及图 15-14 分别是印制电路板的元器件面及焊接面图。

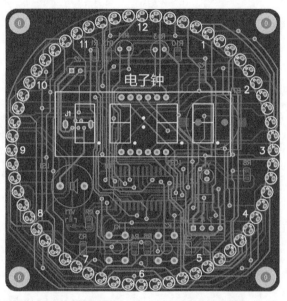

图 15-12　圆盘电子钟印制电路板图

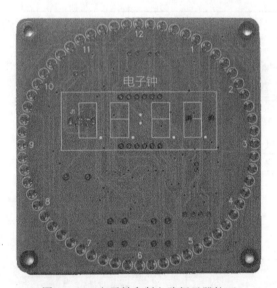

图 15-13　电子钟印制电路板元器件面

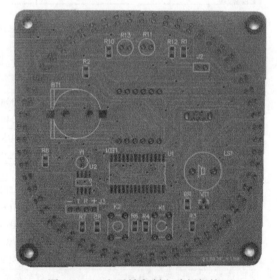

图 15-14　电子钟印制电路板焊接面

15.6 电路安装

元器件安装顺序：贴片电阻→贴片电容→贴片集成电路→CR1220 电池座→32768 Hz 晶振→Mini USB 插座→数码管→按键→蜂鸣器→光敏电阻→热敏电阻→所有发光二极管。

图 15-15 和图 15-16 是电子钟的 3D 视图,分别演示了电子钟的焊接面及元器件面的元器件安装情况。

图 15-15　电子钟焊接面 3D 视图　　　　　　图 15-16　电子钟元器件面 3D 视图

图 15-17 所示是先安装元器件的元器件面。安装完成后,再安装焊接面即数码管、LED 和按钮等元器件,安装这些元器件时必须保证它们的高度一致。将发光二极管及数码管插入安装孔中,不焊接任何一个元器件引脚,然后将其装入图 15-18 所示的面板并倒置,将发光二极管与面板上的透光孔一一对应,并让数码管平面与面板平面一致。焊好数码管及发光二极管的一个引脚,翻转电路板,从正面检查元器件高度是否有问题,如果没有问题,焊好其他引脚。

图 15-17　安装好的电路板元器件面

图 15-19 所示是安装完成的电路板,焊接完成后,将电路板装入面板,图 15-20 所示是装好后的效果图。

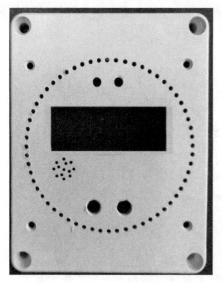
图 15-18　圆盘电子钟的外壳

图 15-19　安装好的电路板焊接面

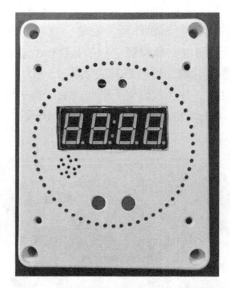
图 15-20　圆盘电子钟安装后的实物图

15.7　电路调试

本电路使用 3 节电池供电或者使用 USB 接口供电。

电源接通以后，数码管显示时间的小时数与分钟数，而四周的发光二极管根据当前秒值显示位置。

长按 K1 进入时间设置功能，此时数码管前两位闪烁，按下 K2 可以让时间数不加 1，所加时间值在 0～23 之间循环；小时数调好后可以调节分钟数，按下 K1，数码管后两位闪烁，按下 K2 可以在 0～59 之间调整分钟数；再次按下 K1，完成设置，进入时钟运行状态。

在时钟运行过程中切断电源，时钟的计数值会被记录并且在断电时时钟仍在运行，下次上电后自动调出当前时间并显示。

在时钟运行状态长按 K2，进入测温状态，数码管显示当前温度值。再次按下 K2 键，进入测光状态，数码管显示当前光照值。

[项目拓展] 探究安装工艺

圆盘电子钟有很多可以改进和拓展的内容，有一些与外观设计有关，有一些与电路有关，还有一些与程序有关，下面分别提问，请查找相关资料并回答。

1）本制作中使用了插件式的发光二极管，保证每个发光二极管的安装高度相同，并且使得发光二极管顶部与面板齐平，这个工艺并不容易实现，尤其是发光二极管的数量高达 60 个时，很难将每个发光二极管都调整到整齐一致，这是制作中需要花费较长时间调整的。那么能不能使用贴片二极管来实现这一功能呢？（提示，贴片发光二极管贴于板面，与面板上的开孔有相当距离，如何解决这个问题？）

2）本电路测温使用的是价廉易得的热敏电阻，这种电阻的温度与电阻曲线是非线性的，如何能让测得的温度更准确一些？

3）本电路兼作测光，请查找资料，看一看光强度描述的指标。

[项目评价]

项　目	配　分	评分标准	扣　分	得　分
焊接工艺	20	① 虚焊、漏焊、碰焊、焊盘脱落，每处扣 2 分，最多扣 6 分； ② 焊点表面粗糙、不光滑，有拉尖、毛刺、堆焊、焊点布局不均匀、夹渣，每处扣 1 分，最多扣 4 分； ③ 同类焊点大小明显不均匀，总体扣 3 分； ④ 表面不清洁，有大块焊剂或焊料残留，总体扣 3 分； ⑤ 焊接后的元器件引脚剪切不合理（过短、过长或长短不一），总体扣 2 分		
安装工艺	15	① 元器件标志方向、插装高度不符合工艺要求，每件扣 1 分，最多扣 3 分； ② 元器件引脚成形不符合工艺要求，每件扣 1 分，最多扣 3 分； ③ 元器件插装位置不符合要求，每件扣 1 分，最多扣 3 分； ④ 损坏元器件，每件扣 1 分，最多扣 4 分； ⑤ 整体排列不整齐，总体扣 2 分		
整机安装工艺	25	① 安装完成后 LED 高低不平，每个扣 1 分，最多扣 10 分； ② 数码管与 LED 不平扣 5 分； ③ 热敏电阻过于突出面板或过于低于面板，扣 5 分； ④ 光敏电阻过于突出面板或过于低于面板，扣 5 分		
功能调试	30	① 无法实现时钟功能，扣 10 分； ② 无法实现测温功能，扣 10 分； ③ 无法实现测光功能，扣 10 分		
安全文明操作	10	① 工作台上工具摆放不整齐，扣 1 分； ② 未按要求统一着装，仪容仪表不规范，扣 1 分； ③ 未能严格遵守安全操作规程，造成仪器设备损坏，扣 5~8 分		
总分	100			

项目 16　压控振荡电路的安装与调试

[项目引入]

图 16-1 所示是带隔离采样的仪表,这个仪表要求被测量电路与仪表输出电路完全没有电气连接,这是如何实现的呢？其中一种方法是使用压控振荡电路。压控振荡电路是指振荡电路的输出频率能跟随输入电压的变化而变化,让我们一起来看一看这种电路的工作原理,以及用它如何实现隔离采样。

二维码 16-1
隔离电路

图 16-1　带隔离采样的仪表

[项目学习]

16.1　基础知识

16.1.1　积分电路

图 16-2 是一个典型的积分电路图,输入信号为矩形波,输出为三角波。输出信号的斜率代表的是电容充放电速度的快慢,它与 RC 值及输入电压 V_i 有关,当 RC 的值一定以后,输出波形 V_o 的斜率就由输入 V_i 决定。

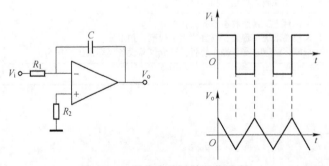

图 16-2　积分电路及其工作波形

16.1.2 光电耦合器电路

光电耦合器也称光隔离器，简称光耦。它是以光为媒介来传输电信号的器件，通常把发光器（红外线发光二极管 LED）与受光器（光敏半导体管，光敏电阻）封装在同一管壳内。当输入端加电信号时发光器发出光线，受光器接收光线之后阻容特性发生变化，通常是输出电阻变小，从而实现了"电—光—电"转换，以光为媒介把输入端信号耦合到输出端。由于它具有体积小、寿命长、无触点，抗干扰能力强，输出和输入之间绝缘，单向传输信号等优点，在数字电路上获得广泛的应用。光电耦合器的品种很多，图 16-3 所示是 TLP521-1 型光电耦合器的内部电路图，图 16-4 所示是 TLP521-1 型光电耦合器的两种封装外形。

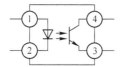
图 16-3 TLP521-1 型光电耦合器内部结构

图 16-4 TLP521-1 型光电耦合器外形

16.2 原理分析

图 16-5 所示是压控振荡电路的完整原理图。

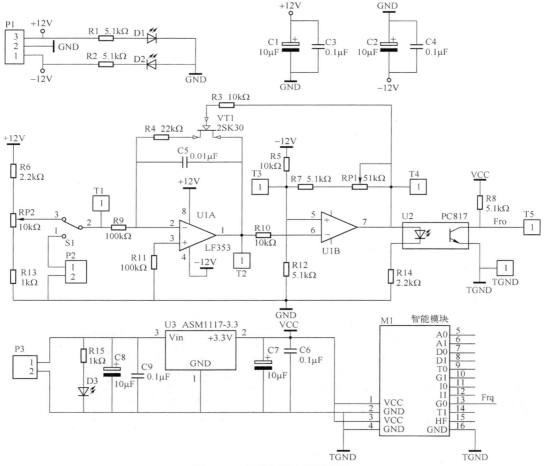

图 16-5 压控振荡电路原理图

16.2.1 电源电路

图 16-6 所示是电源及指示电路，电路使用±12 V 供电。图中 R1 和 D1、R2 和 D2 组成电源指示电路。C1、C3 和 C2、C4 组成电源滤波电路。

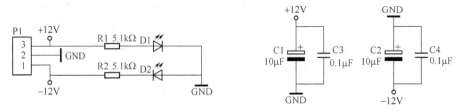

图 16-6 电源及指示电路

16.2.2 功能模块接口电路

图 16-7 所示是功能模块接口电路，P3 用于连接外部的 5 V 电源，这个电源的地和±12 V 的地可以不相同，当然相同也不会影响电路的工作，但失去了隔离的意义。R15 和 D3 组成 5 V 电源的指示电路，U3（ASM1117-3.3）组成 3.3V 稳压电源为智能模块电路供电，M1 是功能模块的插座，它能插入两种智能模块，也就是 LED 智能模块和 OLED 智能模块，这两种功能模块的插座是通用的。此电路是选装项，不安装不会影响项目的完整性。

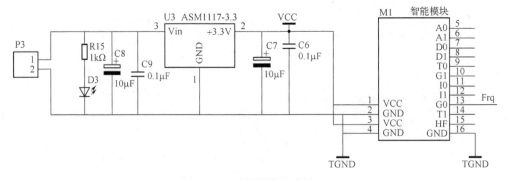

图 16-7 功能模块电路接口

图 16-8 所示是 LED 智能显示模块，这个模块几乎只有一个 0.56 in 4 位 LED 数码管的大小，通过写入不同代码，这个模块可以实现电压表、频率计、计数器等各种功能。

图 16-8 LED 智能显示模块的正反面

图 16-9 所示是 OLED 智能显示模块,这个模块使用一个 12864 OLED 显示屏作为指示器,通过写入不同代码,同样可以实现电压表、频率计、计数器等各种功能,大屏幕的界面,不仅可以通过汉字、字符实现更直观的显示,还可以通过图形显示模块模拟点状、条状 LED 等显示方式,面板上的三个按键可实现信号发生器等更多的功能。

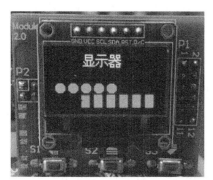

图 16-9 OLED 智能显示模块

16.2.3 压控振荡电路

图 16-10 是压控振荡电路,图中 U1A、R9、C5 组成积分电路,而 R4、VT1 与 R3 组成开关电路,开关是否打开由 U1B 的 7 脚决定,U1B 与 R5、R7、R12 及 RP1 组成的是一个施密特触发器,即迟滞比较器。U1A 的输出脚接到 U1B 的反相输入端,当 U1A 的 1 脚电压低于 U1B 的同相输入端 5 脚后,其 7 脚输出高电平,VT1 导通,C5 通过 R4 放电,U1A 翻转到高电平。同时,U1B 输出低电平,开关打开,积分电路重新开始工作。如前所述,积分电路的输出是一个三角波,而三角波的斜率取决于 R9 与 C5 的乘积以及输入信号的高低。信号越大,斜率越大,也就是达到迟滞比较器反转所需电压的时间越短,这样输出的信号频率就越高,因此电路的输出频率与输入信号的电压高低有关。

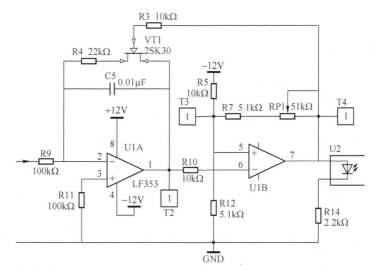

图 16-10 压控振荡电路

16.2.4 信号源电路

当压控振荡电路的输入电压变化时,振荡电路的输出脉冲频率也发生变化。图 16-11 所示是信号源电路,电路板设计了两种提供变化电压的方法,其一是利用电路板上的 R6、R13 及 RP2 构成分压电路;其二是利用 P2 端子引入外部电压,这样这个电路板就可以作为电压表来使用。究竟哪一路电压信号接入电路,由选择开关 S1 来选择。

16.2.5 光电耦合器隔离电路

压控振荡电路可用于需要电气隔离的电压测量场合,例如应用计算机来测量电路电压时,要将计算机的供电电源与待测信号的供电完全分开,这样可以避免相互干扰,从而获得最好的精度。

既要实现电气完全隔离又要保证信息的传递并非易事,光电耦合器可以传递脉冲信号的频率特征。图 16-12 所示是脉冲信号隔离电路,光电耦合器的输入与输出端的地是不同的,一个标号为 GND,另一个为 TGND,说明它们是由不共地的两个电源分别供电。

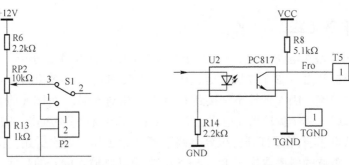

图 16-11 输入信号选择电路   图 16-12 脉冲信号隔离电路

[项目实施]

16.3 元器件清单

表 16-1 所示是压控振荡电路的元器件列表。

表 16-1 压控振荡电路元器件

序号	标号	型号	数量	元器件封装的规格
1	R1~R2、R7~R8、R12	5.1 kΩ	5	RJ-0.25 W(AXIAL0.4)
2	R3、R5、R10	10 kΩ	3	RJ-0.25 W(AXIAL0.4)
3	R4	22 kΩ	1	RJ-0.25 W(AXIAL0.4)
4	R6、R14	2.2 kΩ	2	RJ-0.25 W(AXIAL0.4)
5	R9、R11	100 kΩ	2	RJ-0.25 W(AXIAL0.4)
6	R13、R15	1 kΩ	2	RJ-0.25 W(AXIAL0.4)
7	D1~D3	红色 LED	3	3 mm 直插式
8	C1、C2、C7、C8	10 μF/25 V	4	CD11

(续)

序号	标号	型号	数量	元器件封装的规格
9	C3, C4, C6, C9	0.1μF	4	MLCC-63V (RAD0.2)
10	C5	0.01μF	1	CBB (RAD0.2)
11	U1	LF353	1	DIP-8（配插座）
12	U2	PC817	1	DIP-4
13	U3	ASM1117-3.3	1	SOT23
14	M1	智能模块	1	自制
15	P1	JK128-5.0	1	3脚直针连接器
16	P2, P3	JK128-5.0	2	2脚直针连接器
17	S1	SS-12F44	1	1刀2位拨动开关
18	RP1	51kΩ	1	3362微调电位器
19	RP2	10kΩ	1	3362微调电位器
20	VT1	2SK30	1	TO-92
21	T1~T5	单针	5	单排针截取
22		PCB	1	定制

16.4 印制电路板识读

图16-13所示是压控振荡电路的印制电路板图，图16-14所示是压控振荡电路的3D图。对照表16-1及图16-13，识别每一个元器件。

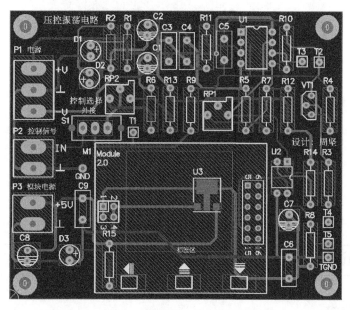

图16-13 压控振荡电路印制电路板图

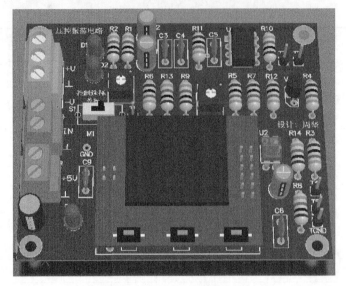

图 16-14　压控振荡电路 3D 图

16.5　电路安装

本电路板的安装顺序：U3（ASM1117-3.3 贴片电源芯片）电阻、磁片（独石）电容、3362 电位器、光电耦合器、U1（集成电路插座）、晶体管、单排针、双排孔（用于安装 M1）、发光二极管、拨动开关、电解电容、接插件。图 16-15 所示是安装好的成品图。

图 16-15　压控振荡电路成品电路板

16.6　电路调试

16.6.1　电源连接

本电路使用 3 路电源：+12 V、-12 V，这两种电源共地；5 V 电源，这个电源与 ±12 V 不共地。这个要求并不难满足,一般学校的学生电源都可以满足要求。图 16-16 所示是实验室常用电源,两路输出可以输出±12 V 电源,而第三路为固定的 5 V 输出。

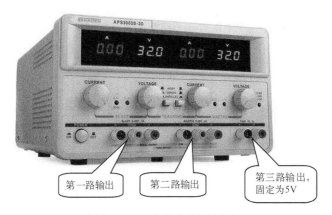

图 16-16 实验室常用电源

16.6.2 调试过程

1)暂不接 5 V 电源,只接入±12 V 电源。电路中的 D1 和 D2 构成简单的电源指示电路,正确通电后,这两个发光二极管应点亮。将开关 S1 拨至右侧,即使用板上信号源控制压控振荡器。使用示波器测试 T2 点的波形,其中示波器探头的接地鳄鱼夹应接在 GND 端,即 P1 的中间接线端。调节 RP2,可以观察到 T2 的波形是一个频率不断变化的矩形波。

将 S1 拨至左侧,从 P2 接入一个电压信号,这个电压信号发生变化,则振荡电路的输出信号频率随之发生变化。换言之,测量输出信号频率可以倒过来获得 P2 所接入的电压值,这实际上是一种电压测量方法。

2)接入 5 V 电源,D3 点亮显示 5 V 已正确接入。使用示波器测试隔离输出波形,示波器探头的接地鳄鱼夹应接在 TGND 端,即 P3 的"⊥"端。将开关 S1 拨至右侧,调节 RP2,观察波形的变化。

3)接入智能模块,可以实时观察振荡电路输出信号的频率值,两种智能模块都可以使用,图 16-17 所示是接入 LED 智能显示模块的状态,在使用该智能模块之前,需要将频率计代码(FRQ_LED.HEX)写入智能模块的单片机中。图 16-18 是使用 OLED 智能显示模块接入的图片,在使用之前,需要将频率计代码(FRQ_OLED.HEX)写入单片机芯片。

图 16-17 使用 LED 的智能模块

图 16-18 使用 OLED 的智能模块

电路连接完成后，按如下要求进行电路实测并完成记录表。

二维码 16-2 使用 LED 模块调试电路

二维码 16-3 使用 OLED 模块调试电路

1）将开关 S1 拨至右侧，即使用板上信号源控制压控振荡器。

调节 RP2 使 T1 点的电压为 1V，使用示波器测试 T2 点的波形，其中示波器探头的接地鳄鱼夹应接在 GND 端，即 P1 的中间接线端。将测得的波形记录入表 16-2 中。

表 16-2　测量结果一

波　形		波形的峰–峰值	波形的周期
		示波器 Y 轴量程档位	示波器 X 轴量程档位

测量 T4 点的波形，将波形记录入表 16-3 中。

表 16-3　测量结果二

波　形		波形的峰–峰值	波形的周期
		示波器 Y 轴量程档位	示波器 X 轴量程档位

2）将开关 S1 拨至右侧，即使用板上信号源控制压控振荡器。

调节 RP2 使 T1 点的电压为 1V，使用示波器测试 T2 点的波形，其中示波器探头的接地鳄鱼夹应接在 GND 端，即 P1 的中间接线端。将测得的波形记录入表 16-4 中。

表 16-4　测量结果三

波　形		波形的峰–峰值	波形的周期
		示波器 Y 轴量程档位	示波器 X 轴量程档位

测量 T3 点的波形，将波形记录入表 16-5 中。

表 16-5　测量结果四

波　形		波形的峰-峰值	波形的周期
		示波器 Y 轴量程档位	示波器 X 轴量程档位

测量 T5 点的波形，此时应将示波器的鳄鱼夹夹在 TGND 端，将波形记录入表 16-6 中。

表 16-6　测量结果五

波　形		波形的峰-峰值	波形的周期
		示波器 Y 轴量程档位	示波器 X 轴量程档位

[项目拓展]　探究光电耦合器隔离电路频率特性

光电耦合器隔离可以传递频率信号，但是它也有一定的局限。观察隔离后的波形与隔离前的波形，有什么发现？请将压控振荡电路的输出频率调节至最低和最高，分别画出隔离前及隔离后的波形，并进行比较。

随着信号频率的升高，隔离效果变差，怎么解决这个问题呢？如果要求你通过查找资源来解决这个问题，应该使用什么关键词？实际试一试，看一看能做到哪一步。

[项目评价]

项　目	配　分	评分标准	扣　分	得　分
焊接工艺	30	① 虚焊、漏焊、碰焊、焊盘脱落，每处扣 2 分，最多扣 10 分； ② 焊点表面粗糙、不光滑，有拉尖、毛刺、堆焊、焊点布局不均匀、夹渣，每处扣 1 分，最多扣 10 分； ③ 同类焊点大小明显不均匀，总体扣 3 分； ④ 表面不清洁，有大块焊剂或焊料残留，总体扣 3 分； ⑤ 焊接后的元器件引脚剪切不合理（过短、过长或长短不一），总体扣 2 分		

（续）

项 目	配 分	评 分 标 准	扣 分	得 分
安装工艺	30	① 元器件标志方向、插装高度不符合工艺要求，每件扣 1 分，最多扣 5 分； ② 元器件引脚成形不符合工艺要求，每件扣 1 分，最多扣 5 分； ③ 元器件插装位置不符合要求，每件扣 2 分，最多扣 8 分； ④ 损坏元器件，每件扣 2 分，最多扣 10 分； ⑤ 整体排列不整齐，总体扣 2 分		
功能调试	30	① 无法起振，扣 10 分； ② 无法实现隔离输出功能，扣 10 分； ③ 无法实现模块功能，扣 10 分		
安全文明操作	10	① 工作台上工具摆放不整齐，扣 1 分； ② 未按要求统一着装，仪容仪表不规范，扣 1 分； ③ 未能严格遵守安全操作规程，造成仪器设备损坏，扣 5~8 分		
总分	100			

项目 17　电量指示电路的安装与调试

[项目引入]

生活中电动自行车、手机等各类移动用电设备越来越多。几乎每一个用电设备都必须使用电量指示电路，否则就不能合理地规划电池的使用。图 17-1 所示是某设备上的电量指示部分。这个项目中我们来学习电量指示电路的工作原理和实现方法。

二维码 17-1
电量指示电路工作情景

图 17-1　设备上的电量指示电路

[项目学习]

17.1　基础知识

17.1.1　认识 TL431 集成电路

TL431 是一种电压基准，因其性能好、价格低，广泛应用在各种电源电路中。图 17-2 所示是 TO-92 封装的 TL431 及其引脚图，它的输出电压通过两个电阻可以设置 V_{ref} 在 2.5～36 V 范围内的任何值。图 17-3 是 TL431 的典型应用电路。该器件的典型动态阻抗为 0.2Ω，在很多应用中用它代替稳压二极管。

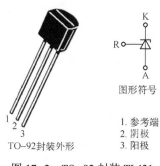

图 17-2　TO-92 封装 TL431

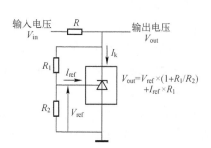

图 17-3　TL431 典型应用电路

17.1.2 认识恒流源电路

恒流源是输出电流保持恒定的电流源,而理想的恒流源应该具有以下特点:①不因负载(输出电压)变化而改变;②不因环境温度变化而改变;③内阻为无限大(以使其电流可以全部流出到外面)。

图 17-4 所示是理想恒流源符号。理想的恒流源,其内阻为无限大,使其电流可以全部流出外面;实际的恒流源有内阻 R,图 17-5 所示是实际恒流源符号。

图 17-4　理想的恒流源符号　　　　图 17-5　实际的恒流源符号

17.2 原理分析

图 17-6 所示是电量指示电路的原理图。以下分别讲解。

17.2.1 模拟电池电路

图 17-7 所示是模拟电池电路,通过 LM317T 制作的可调稳压电源,其输出可在 3.5～5.5 V 之间变化,模拟电池在工作过程中端电压的变化,图中 RP2 用于调节输出电压。

17.2.2 取样电路

取样电路用于获取待测电压,并对其进行适当变换,使之成为适合与后级电路匹配的值。图 17-8 所示是采样电路,这里使用了电阻分压电路,经计算 R9(13 kΩ)和 R12(680 Ω)组成的分压电路分压比为

$$0.68/(13+0.68)=0.0497$$

17.2.3 基准电压源电路

图 17-9 所示是用 TL431 及 R1 等元器件构成的基准电压源电路。在本电路中,R5 不安装,设计此电阻的目的是为电路提供更多的变化。当 R5 不安装时,Va 的输出为 TL431 的基准电压,即 2.5 V。

17.2.4 基准电压生成电路

图 17-10 所示是电流源电路,这里使用 D1 作为稳压源,当 D1 导通时,其两端电压基本固定,加之该电路的供电端为 2.5 V 的稳定电压,因此该恒流源有较好的性能。

RP1 用来调整电流源的大小,J1 用来切换工作状态及测试状态。当 J1 的 2、3 两端相连时,恒流源工作于测试状态。

图 17-11 所示是基准电压生成电路,这里使用 5 kΩ 的精密可调电位器作为可调负载。当恒流源的电流一定时,调节 RP3 可以在 T6 端获得不同的基准电压。在 RP3 上串联了 4 个值固定为 100 Ω 的电阻分别生成基准电压,这 4 个电阻使用±1%精度的贴片电阻。

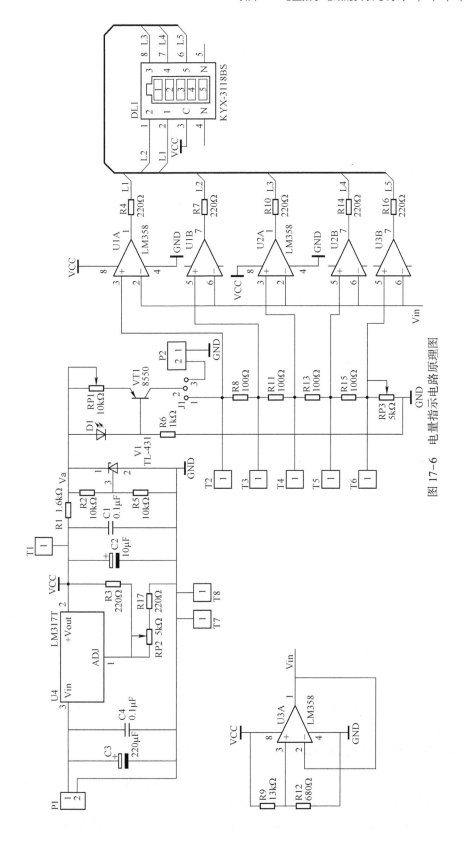

图 17-6 电量指示电路原理图

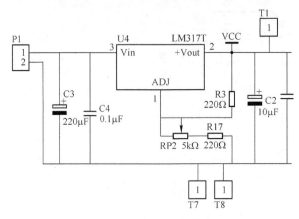

图 17-7 模拟电池电路

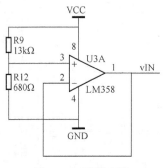

图 17-8 采样电路

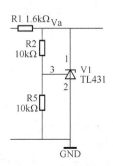

图 17-9 基准电压源电路

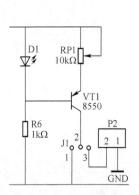

图 17-10 电流源电路

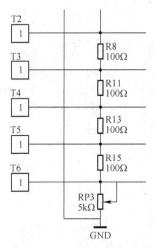

图 17-11 基准电压生成电路

17.2.5 比较器及电量管驱动电路

图 17-12 所示是比较器电路。本电路使用了 5 个比较器，这些比较器的反相端连接在一起，接入到采样输出端，而 5 个比较器的同相端分别连接 5 个基准电压端。当被测电压低于基准电压时，比较器输出高电平，反之当被测电压高于基准电压时，比较器输出低电平。电量管采用共阳极结构，因此，只有被测电压高于基准电压时，相应的电量管笔段才会点亮。

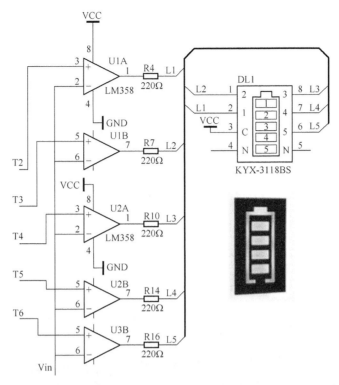

图 17-12　电压比较及指示电路

[项目实施]

17.3　元器件清单

表 17-1 所示是电量指示电路的元器件列表。

表 17-1　电量指示电路元器件

序号	标号	型号	数量	元器件封装的规格
1	R1	1.6 kΩ	1	0805
2	R2, R5	10 kΩ	2	0805
3	R3, R4, R7, R10, R14, R16, R17	220 Ω	7	0805
4	R6	1 kΩ	1	0805
5	R8, R11, R13, R15	100 Ω	4	0805
6	R9	13 kΩ	1	0805
7	R12	680 Ω	1	0805
8	C1, C4	0.1 μF	2	0805
9	C2	10 μF/25 V	1	贴片电解电容
10	C3	220 μF/35 V	1	贴片电解电容
11	V1	TL431	1	TO-92
12	U1, U2, U3	LM358	3	SOP-8
13	U4	LM317	1	TO-220
14	DL1	KYX-3118BS	1	电量管

(续)

序号	标号	型号	数量	元器件封装的规格
15	RP1	10 kΩ	1	3296 微调电位器
16	RP2	5 kΩ	1	3362 微调电位器
17	RP3	5 kΩ	1	3296 微调电位器
18	P1	JK128-5.0	1	2 脚直针连接器
19	P2			不需安装
20	J1	单排针 3 位	1	单排针截取
21	T1~T8	单针	8	单排针截取
22	D1	发光二极管	1	0805（红）
23	VT1	8550	1	SOT-23（2TY）
24		PCB	1	定制

17.4 印制电路板识读

图 17-13 所示是电量指示电路的印制电路板图，图 17-14 是印制电路板实物图，图 17-15 是印制电路板 3D 视图。

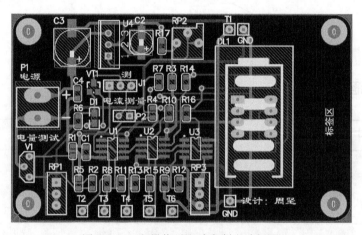

图 17-13 电量指示电路印制电路板图

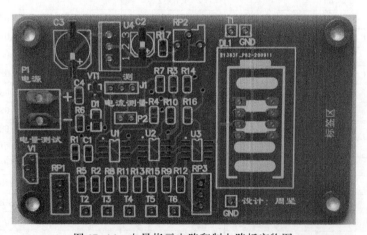

图 17-14 电量指示电路印制电路板实物图

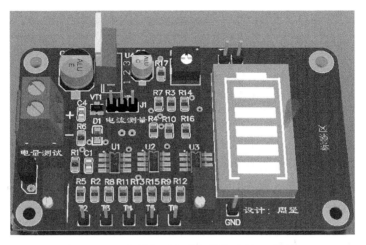

图 17-15 电量指示电路印制电路板 3D 视图

17.5 电路安装

17.5.1 安装顺序

贴片电阻、电容→贴片晶体管→贴片集成电路→3362 电位器→电容 C2→电容 C1→TL431→电量管→测试端子→3296 电位器→接线端子→LM317。

17.5.2 安装过程

为贴片元器件的一个焊盘镀上锡，然后焊好其一个引脚。焊接完成后，仔细检查每个元器件，如果有歪斜、对齐不正确等不规范的情况，应使用烙铁、镊子等进行修正。等到修正完成以后，将元器件的其余焊盘焊好。

17.6 电路调试

17.6.1 电源连接

为保证本电路的正常工作，应使用 9V 以上的供电电源，适宜的电压为 9~12 V。

17.6.2 调试过程

通电后按以下步骤调试。

1) 将 LM317 的输出电压调整到 5 V。
2) 测量 TL431 的工作是否正常，测量 V1 的 1 脚电压是否为 2.5 V。
3) 调整恒流源输出。用短路帽将 J1 的中、右两脚短接（其上有"测"字）。将万用表的电流档调至 10 mA 档，红、黑表笔分别接 P2 的两端。调整 RP1，使电流为 0.1 mA。
4) 调整基准电压。用短路帽将 J1 的中、左两脚短接，切换到工作状态。使用万用表的 200 mV 档测 T6 端子，调整 RP3，使 T6 端的电压为 0.2 V。分别测量 T5、T4、T3、T2，其电压分别为 0.21 V、0.22 V、0.23 V 和 0.24V。

5) 调整 RP1，使 LM317 的电压在 4~5 V 之间变化，此时电量管应从低到高逐渐点亮。

[项目拓展] 探究测量范围设计

将恒流源的电流设定为 0.1 mA，基准电压分别为 0.2 V、0.21 V、0.22 V、0.23 V 及 0.24 V，当电压值为 4 V 时，LED 指示条一条也不亮，而电压为 5 V 时，所有指示条全亮，也就是其电压指示范围是 4~5 V。

如果需要改变电压指示范围，如 4.2~5.2 V，应该如何调节？又如，要将指示范围设置在 5~5.5 V 之间是否可行？为研究这个问题，将恒流源的电流分别调整到 0.08 mA、0.12 mA，仍然将 T6 端的电压调整为 0.2 V，调整 RP1，记录下电量管从低到高逐渐点亮时的电压值，根据这些数值研究调试方案，并提交报告。

本电路虽然称为电量指示，实际是电压指示，它是否能在所有情况下准确地指示电量呢？如果不可以，还有什么方法能更准确地指示电量？请查找资料并写出报告。

[项目评价]

项 目	配 分	评分标准	扣 分	得 分
焊接工艺	30	① 虚焊、漏焊、碰焊、焊盘脱落，每处扣 2 分，最多扣 10 分； ② 焊点表面粗糙、不光滑，有拉尖、毛刺、堆焊、焊点布局不均匀、夹渣，每处扣 1 分，最多扣 10 分； ③ 同类焊点大小明显不均匀，总体扣 3 分； ④ 表面不清洁，有大块焊剂或焊料残留，总体扣 3 分； ⑤ 焊接后的元器件引脚剪切不合理（过短、过长或长短不一），总体扣 2 分		
安装工艺	30	① 元器件标志方向、插装高度不符合工艺要求，每件扣 1 分，最多扣 5 分； ② 元器件引脚成形不符合工艺要求，每件扣 1 分，最多扣 5 分； ③ 元器件插装位置不符合要求，每件扣 2 分，最多扣 8 分； ④ 损坏元器件，每件扣 2 分，最多扣 10 分； ⑤ 整体排列不整齐，总体扣 2 分		
功能调试	30	① 调节 LM317 输出端电压不变，扣 10 分； ② T2 与地之间无电压或电压无法调节，扣 10 分； ③ 电量管无显示，扣 5 分； ④ 调节 LM317，电量显示不变，扣 5 分		
安全文明操作	10	① 工作台上工具摆放不整齐，扣 1 分； ② 未按要求统一着装，仪容仪表不规范，扣 1 分； ③ 未能严格遵守安全操作规程，造成仪器设备损坏，扣 5~10 分		
总分	100			

项目 18 红外倒车雷达的安装与调试

[项目引入]

红外线是太阳光线中众多不可见光线中的一种，由英国科学家赫歇尔于 1800 年发现，又称为红外热辐射，热作用强。图 18-1 所示是太阳光分解示意图，赫歇尔将太阳光用三棱镜分解开，在各种不同颜色的色带位置上放置了温度计，试图测量各种颜色的光的加热效应。结果发现，位于红光外侧的那支温度计升温最快。因此得到结论：太阳光谱中，红光的外侧必定存在看不见的光线，这就是红外线。太阳光谱上红外线的波长大于可见光线，波长为 0.75～1000 μm。红外光线与可见光一样，具有遇到障碍物后反射的特性，这是它应用于本项目的基础。本项目利用这个特点来实现距离的检测。

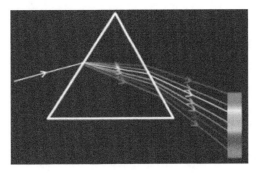

二维码 18-1 红外线

图 18-1 太阳光分解示意图

[项目学习]

18.1 基础知识

18.1.1 认识红外发射管

红外发射管也称红外线发射二极管，属于发光二极管。它是可以将电能直接转换成近红外光（不可见光）并能辐射出去的发光器件，主要应用于各种光电开关及遥控发射电路中。红外发射管的结构、原理与普通发光二极管相近，只是使用的半导体材料不同。红外发光二极管通常使用砷化镓（GaAs）、砷铝化镓（GaAlAs）等材料，采用全透明或浅蓝色、黑色的树脂封装。图 18-2 所示是一种红外发射管的外形。

图 18-2 红外发射管

18.1.2 认识红外接收管

红外接收管也称红外线接收二极管，是将红外线光信号变成电信号的半导体器件，它的核心部件是一个特殊材料的 PN 结。红外线接收二极管是在反向电压作用之下工作的，没有光照时，反向电流很小（一般小于 0.1 μA），称为暗电流。当有红外线光照时，光的强度越大，反向电流也越大。红外线接收二极管在一般照度的光线照射下，所产生的电流叫光电流。如果在外电路上接上负载，负载上就获得了电信号，而且这个电信号随着光的变化而相应变化。图 18-3 所示是一种红外接收管的外形。

图 18-3 红外接收管

18.2 原理分析

图 18-4 所示是红外倒车雷达的完整原理图。电路由信号发射电路、信号接收及放大电路、电平指示电路等部分组成。

18.2.1 信号发射电路

图 18-5 所示是信号发射电路，这是一个 555 振荡电路，它的 3 脚输出矩形波，D1 是红外发射管，R2 是 D1 的限流电阻。该电路的振荡频率为

$$f = \frac{1}{T} = \frac{1.44}{(R_1 + 2 \times R_3) \times C_4}$$

将参数代入，计算得到该电路输出频率为 480 Hz。

18.2.2 信号接收及放大电路

图 18-6 所示是信号接收及放大电路，图中 D4 是红外接收管。U3A 及 R10、R11+RP1 构成反相比例放大电路，C6 是隔直电容。LM358 是可以在单电源下工作的运放，当前电路工作于单电源状态，R6 与 R7 组成分压电路，U3A 的同相端 3 脚电位提高到 $1/2V_{CC}$。信号放大后经过 C5 隔直输出，D2、D3、C7 等组成滤波电路，将 U3A 的 1 脚输出的交流波形整流成为 C7 两端的直流信号，且该直流信号的电压值正比于交流信号的幅度。

18.2.3 LM3914 电平指示电路

图 18-7 所示是由 LM3914 构成的电平指示电路。LM3914 是 10 位发光二极管驱动器，它可以把输入模拟量转换为数字量输出，驱动 10 位发光二极管来进行点显示或柱形显示。芯片内部 4 脚和 6 脚之间连接有 10 个精密分压电阻，7 脚和 8 脚之间是一个参考电压源，9 脚为点/柱模式选择，当该引脚被接至 VCC 时为条状显示，即不论条状 LED 在哪一个位置点亮，在其下方的所有 LED 都点亮。而 9 脚悬空（即 J1 的 2 与 3 连接）时，LED 条呈点状显示，即任意时刻都只有 1 个 LED 显示。5 脚为信号输入端。LD1 是 10 段 LED 彩色光条，其内置了 10 个条形的 LED，使用 DIP-20 封装，这 10 个 LED 条分为 4 种颜色，即 1 条蓝色、4 条绿色、3 条黄色和 2 条红色。

项目 18 红外倒车雷达的安装与调试

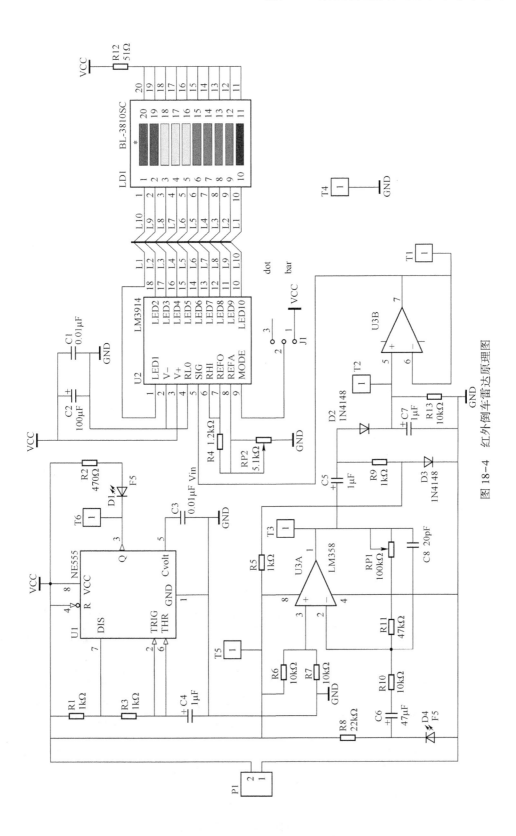

图 18-4 红外倒车雷达原理图

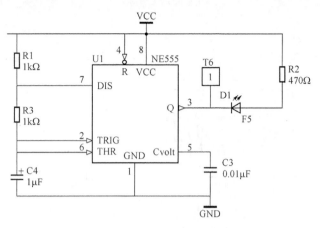

图 18-5 555 振荡电路

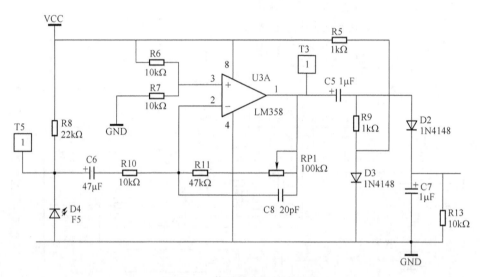

图 18-6 信号接收及放大电路

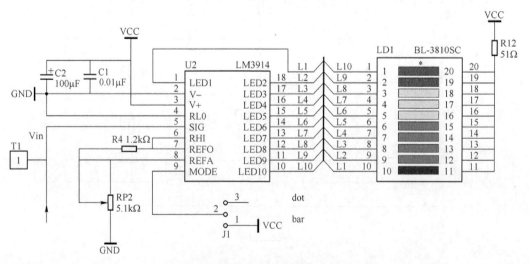

图 18-7 LM3914 电平指示电路

[项目实施]

18.3 元器件清单

表 18-1 所示是红外倒车雷达电路的元器件列表。

表 18-1 红外倒车雷达元器件

序号	标 号	描 述	数量	元器件封装的规格
1	R1, R3, R5, R9	1 kΩ	4	RJ-0.25 W (AXIAL0.4)
2	R2	470 Ω	1	RJ-0.25 W (AXIAL0.4)
3	R4	1.2 kΩ	1	RJ-0.25 W (AXIAL0.4)
4	R6, R7, R10, R13	10 kΩ	4	RJ-0.25 W (AXIAL0.4)
5	R8	22 kΩ	1	RJ-0.25 W (AXIAL0.4)
6	R11	47 kΩ	1	RJ-0.25 W (AXIAL0.4)
7	R12	51 Ω	1	RJ-0.5 W (AXIAL0.6)
8	C1, C3	0.01 μF	2	MLCC-63 V (RAD0.2)
9	C2	100 μF/16 V	1	CD11
10	C4, C5, C7	1 μF/16 V	3	CD11
11	C6	47 μF/16 V	1	CD11
12	D1	红外发光二极管	1	5 mm 直插
13	D2, D3	1N4148	2	DO-35
14	D4	红外接收管	1	5 mm 直插
15	U1	NE555	1	DIP-8 (配座)
16	U2	LM3914	1	DIP-18 (配座)
17	U3	LM358	1	DIP-8 (配座)
18	RP1	100 kΩ	1	3362 微调电位器
19	RP2	5.1 kΩ	1	3362 微调电位器
20	T1~T6	单针	6	单排针截取
21	JP1	单排 3 针	1	单排针
22	P1	JK128-5.0	1	2 脚直针连接器
23	LD1	BL-3810SC	1	10 位彩色光条
24		PCB	1	定制

参考表 18-2 识别元器件。

表 18-2 元器件识别与检测

序号	描 述		识 别 检 测
1	51 Ω		绿棕黑金棕
2	470 Ω		黄紫黑黑棕

（续）

序号	描述		识别检测
3	1 kΩ		棕黑黑棕棕
4	1.2 kΩ		棕红黑棕棕
5	10 kΩ		棕黑黑红棕
6	22 kΩ		红红黑红棕
7	47 kΩ		黄紫黑红棕
8	独石电容		引脚间距为 5.08 mm
9	电解电容		较长引脚为正极，较短引脚为负极，或者观察电容体，有负极标志
10	3362 电位器		中间引脚为电位器的滑动端
11	红外发射接收管		用数字万用表的二极管档测量，当屏幕显示有一定数值时，红表笔所接为正
12	LED 指示条		用数字万用表的二极管档测量，红、黑表笔分别接指示条两侧，交换表笔，指示条亮时，红表笔所接为正

18.4 印制电路板识读

图 18-8 和图 18-9 所示是红外倒车雷达的印制电路板图，其中图 18-8 是设计图，图 18-9 是实物图。

图 18-10 是红外倒车雷达的 3D 视图，参考图 18-8、图 18-9 和图 18-10，认清各元器件。

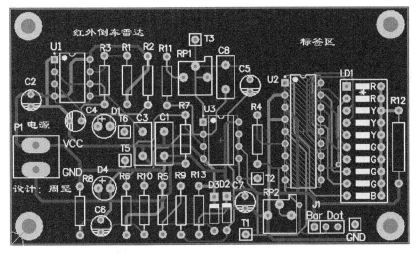

图 18-8　红外倒车雷达印制电路板设计图

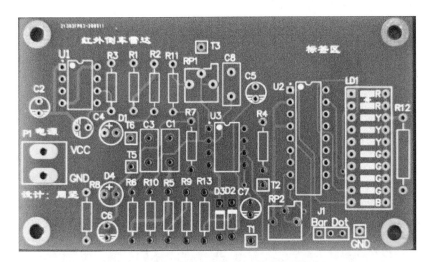

图 18-9　红外倒车雷达印制电路板实物图

图 18-10　红外倒车雷达 3D 视图

18.5 电路安装

18.5.1 安装顺序

电路安装按照先低后高、先轻后重、先内后外的顺序进行。

本电路板的安装顺序为：电阻→二极管→3362 电位器→DIP 集成电路插座→独石电容→单排针（测试点、J1、J2）→传声器→电解电容→接线端子。

18.5.2 安装说明

本电路中的 3 个集成电路均采用插座安装，注意安装时的方向。LD1 是 LED 指示条，可以使用 20 引脚的集成电路插座来安装，也可以直接焊接在电路板上，安装时必须注意方向。

安装时电阻、3362 电位器、电解电容等都应贴底安装，焊接完成后要仔细检查电路，没有错、漏焊才能进行下一步的调试工作。

图 18-11 是安装好的实物图。红外发射管与接收管安装时不能贴底安装，应留下 8~10 mm 管脚高度，且两管应齐平。

图 18-11 红外倒车雷达的实物图

18.6 电路调试

电路安装好后，用短路块接 J1 的 1 和 2 端，即电路板上 Bar 的位置，使 LM3914 工作于条状状态。接入 12 V 电源，此时 LD1 应该不亮或者只有最下方一条点亮。否则可以将红外发射管与红外接收管各自向外掰一点，避免在未测距时的相互干扰。

用一张白纸移到红外发射管和红外接收管的上方，并且调节它们之间的距离，此时可以观察到 LD1 点亮的光条数应逐渐变化，白纸与红外发射管、接收管越近，点亮的条数越多。

调节 RP1，可以调节电路的放大倍数。如果测试时最强反射状态仍不能使得所有 LED 条点亮，可以调节 RP1，即可在同等反射距

二维码 18-2 红外倒车雷达调试

离时点亮更多的 LED 条。

改变 J1 上短路块的位置，观察点状显示及条状显示的区别。

[项目拓展] 探究超声波雷达

本项目名为红外倒车雷达，即指示电路能够根据反射距离的变化而做出相应的指示。实际上真实的汽车上使用的倒车雷达并没有使用红外这种方式的，而是使用超声波。查找资料，看一看超声波雷达的工作原理，它也和本电路一样，是通过测量反射波的幅度来判断距离的吗？如果不是，它又是采用的什么原理？红外倒车雷达能否采用同样的工作原理？说一说原因。

[项目评价]

项 目	配 分	评分标准	扣 分	得 分
焊接工艺	30	① 虚焊、漏焊、碰焊、焊盘脱落，每处扣 2 分，最多扣 10 分； ② 焊点表面粗糙、不光滑，有拉尖、毛刺、堆焊、焊点布局不均匀、夹渣，每处扣 1 分，最多扣 10 分； ③ 同类焊点大小明显不均匀，总体扣 3 分； ④ 表面不清洁，有大块焊剂或焊料残留，总体扣 3 分； ⑤ 焊接后的元器件引脚剪切不合理（过短、过长或长短不一），总体扣 2 分		
安装工艺	30	① 元器件标志方向、插装高度不符合工艺要求，每件扣 1 分，最多扣 5 分； ② 元器件引脚成形不符合工艺要求，每件扣 1 分，最多扣 5 分； ③ 元器件插装位置不符合要求，每件扣 2 分，最多扣 8 分； ④ 损坏元器件，每件扣 2 分，最多扣 10 分； ⑤ 整体排列不整齐，总体扣 2 分		
功能调试	30	① 指示条始终无法点亮，扣 15 分； ② 指示条无法随测量距离变化而变化，扣 15 分		
安全文明操作	10	① 工作台上工具摆放不整齐，扣 1 分； ② 未按要求统一着装，仪容仪表不规范，扣 1 分； ③ 未能严格遵守安全操作规程，造成仪器设备损坏，扣 5~8 分		
总分	100			

项目 19　触摸及声控电路的安装与调试

[项目引入]

触摸控制电路有很多种方案,其中一种是利用人体的感应信号,图 19-1 所示的电路仅用一个发光二极管和一个晶体管就构成了非常简单的触摸控制电路。本项目通过实测触摸及声控电路来了解其工作原理。

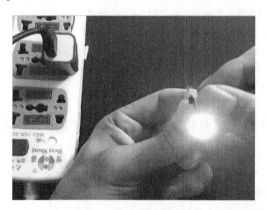

二维码 19-1 触摸控制电路

图 19-1　触摸控制电路

[项目学习]

19.1　基础知识

19.1.1　认识单稳态

单稳态电路是一种具有稳态和暂态两种工作状态的基本脉冲单元电路。没有外加信号触发时,电路处于稳态。在外加信号触发下,电路从稳态翻转到暂态,并且经过一段时间后,电路又会自动返回稳态。暂态时间的长短取决于电路本身的参数,而与触发信号作用时间的长短无关。

触发电路的种类很多,有一些是可重复触发的,有一些是不可重复触发的;有一些是上升沿触发,有一些是下降沿触发;图 19-2 所示 NE555 是单稳态触发电路的工作波形,当触发信号上升沿到来时,输出高电平,延时时间固定。

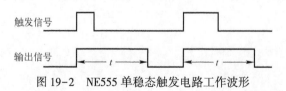

图 19-2　NE555 单稳态触发电路工作波形

19.1.2 认识 CD4069 集成电路

CD4069 是 6 反相器电路（非门，1 输入、1 输出），由六个 MOS 反相器电路组成。此器件主要用作通用反相器。图 19-3 所示是 CD4069 的引脚图，它采用 14 脚双列直插或者贴片封装。

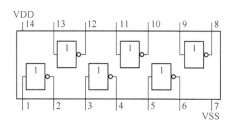

图 19-3 CD4069 引脚图

19.2 原理分析

图 19-4 所示是触摸及声控电路原理图，以下分别说明。

19.2.1 触摸检测电路

图 19-5 所示是 NE555 组成的单稳态电路，未触发时其输出脚 3 为低电平，LED1 不亮，U3A 的 1 脚为低电平；当手碰到触摸板时，人体所带的感应电触发单稳态，U1 的 3 脚输出高电平，LED1 点亮，U3 的 1 脚为高电平，则其 2 脚为低电平。当人手移开后，由于电容 C2 的电荷存储作用，U1 的输出仍维持高电平一段时间。

图 19-6 所示是 NE555 电路的内部结构图，从图中可以看到，NE555 的 2 脚是其内部比较器 C2 的同相输入端，而 6 脚是比较器 C1 的反相输入端。由于开机时 C2 两端电压为 0，即 6 脚为低电平，比较器 R 端输出为高电平"1"；其后的三与非门输出为 0，这样使得 A 端为低电平，B 端为高电平，放电晶体管 VT 导通。当触摸 2 脚时，人体感应信号的负极信号使得 C2 的同相端电位低于反相端，其输出 S 端变为低电平，RS 触发器的 A 端变为高电平，B 端为低电平，VT 关闭，VCC 通过 RP1 及 R6（见图 19-5）向 C2 充电，当 6 脚的电压升高超过 $2/3V_{CC}$ 后，R 端为低电平，输出复位。

19.2.2 二极管与门电路

图 19-7 所示是由二极管和晶体管组成的与门电路，当 OUT1 或 OUT2 中任一输入端为低电平或者两个同时为低电平时，VT1 均可导通，LED2 点亮，VT1 的发射极输出低电平；而当 OUT1 和 OUT2 均为高电平时，VT1 不导通，VT1 的发射极输出高电平。

19.2.3 音乐报警电路

当图 19-8 中 VD4 的阴极（VT1）的发射极为低电平时，VT2 导通，为音乐集成电路 KD9300 供电，由于 KD9300 的电源端与其触发端相连，因此当 KD9300 通电后即直接开始工作，蜂鸣器发出报警声。

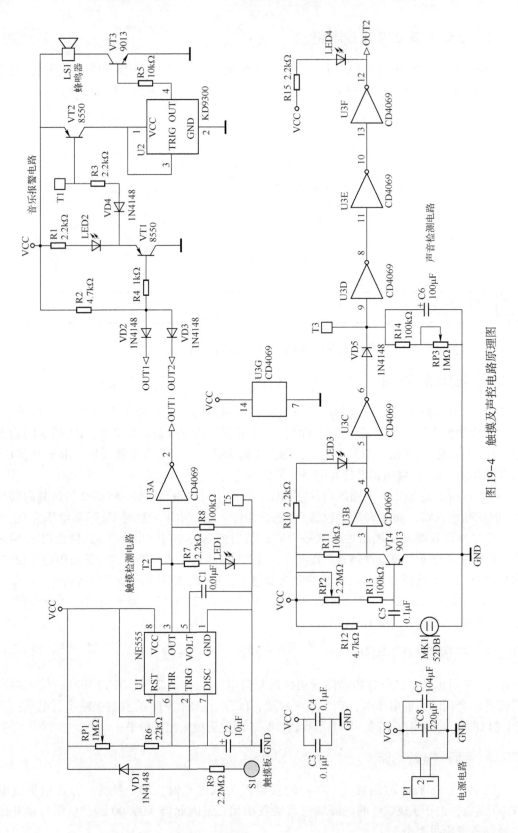

图 19-4 触摸及声控电路原理图

项目 19 触摸及声控电路的安装与调试

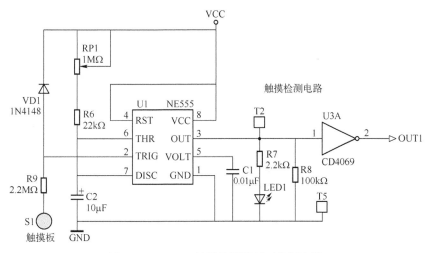

图 19-5 NE555 触摸检测及延时控制电路

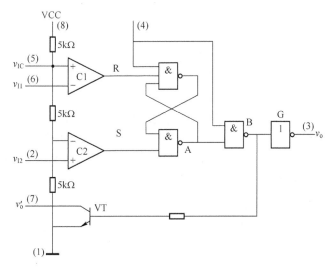

图 19-6 NE555 电路内部结构图

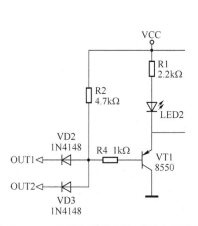

图 19-7 二极管和晶体管组成的与门电路

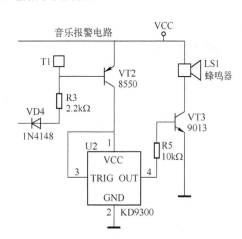

图 19-8 音乐报警电路

19.2.4 声音检测电路

图 19-9 所示是声音检测电路，MK1 为传声器，VT4 构成基本放大电路，RP2 调节基极电流，使 VT4 工作于浅饱和状态，即其无信号输入时，集电极为低电平，但在有声音输入时，传声器拾取到的电信号负半周使 VT4 退出饱和状态进入截止状态，VT4 的集电极输出高电平。

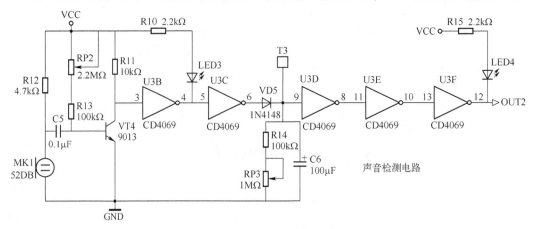

图 19-9　声音检测电路

无声音信号时 U3B 的 3 脚为低电平，4 脚为高电平，LED3 不亮，而当有声音信号输入时，4 脚会出现低电平，此时 LED3 点亮，U3C 的 6 脚输出高电平，并且通过 VD5 向 C6 快速充电，使得 U3D 的 9 脚为高电平，经过 U3E、U3F 两次反相后，U3F 的 12 脚为低电平，LED4 点亮。OUT2 接入图 19-7 所示二极管与门电路，VT1 导通，LED2 点亮，并让 VT2 导通，音乐报警电路工作。

当声音信号消失后，LED3 立即恢复熄灭状态，U3C 的 6 脚输出低电平，由于 VD5 的阴极为高电平、阳极为低电平，因此此时 VD5 相当于将电路断开，C6 只能通过 R14 与 RP3 放电，此时 LED4 仍维持点亮状态，报警电路工作，直到 C6 放电至 9 脚电压低于 $1/2V_{CC}$，LED4 熄灭，报警电路停止工作。

[项目实施]

19.3　元器件清单

元器件清单列表见表 19-1，其中包含了直插版和贴片版两个版本所用的元器件，请注意区分。

表 19-1　触摸及声控报警电路元器件

序号	标号	型号	数量	元器件封装的规格	
				直插版	贴片版
1	R1、R3、R7、R10、R15	2.2 kΩ	5	RJ-0.25 W（AXIAL0.4）	0805
2	R2、R12	4.7 kΩ	2	RJ-0.25 W（AXIAL0.4）	0805
3	R4	1 kΩ	1	RJ-0.25 W（AXIAL0.4）	0805
4	R5、R11	10 kΩ	2	RJ-0.25 W（AXIAL0.4）	0805
5	R6	22 kΩ	1	RJ-0.25 W（AXIAL0.4）	0805
6	R8、R13、R14	100 kΩ	3	RJ-0.25 W（AXIAL0.4）	0805

(续)

序号	标 号	型 号	数量	元器件封装的规格	
				直 插 版	贴 片 版
7	R9	2.2 MΩ	1	RJ-0.25 W（AXIAL0.4）	0805
8	C1	0.01 μF	1	MLCC-63 V（RAD0.2）	0805
9	C2	10 μF	1	CD11	贴片电解电容
10	C3、C4、C5	0.1 μF	3	MLCC-63 V（RAD0.2）	0805
11	C6	100 μF	1	CD11	贴片电解电容
12	C8	220 μF	1	CD11	贴片电解电容
13	VD1~VD5	1N4148	5	DO-35	LL-34（贴片）
14	RP1、RP3	1 MΩ	2	RM065 微调电位器	
15	RP2	2.2 MΩ	1	RM065 微调电位器	
16	MK1	52DB	1	驻极体传声器	
17	LED1~LED3	红色发光二极管	3	3 mm 直插式	0805
18	P1	JK128-5.0	1	2 脚直针	
19	U1	NE555	1	DIP-8	SOP-8
20	U2	KD9300	1	片状软封装	
21	U3	CD4069	1	DIP-14	SOP-14
22	VT1、VT2	8550	2	TO-92	SOT-23（2TY）
23	VT3、VT4	9013	2	TO-92	SOT-23（J3）
24		PCB	1	定制	定制

19.4 印制电路板识读

19.4.1 直插版识读

图 19-10 所示是直插版触摸及声控电路的印制电路板图，图 19-11 是直插版触摸及声控电路 3D 视图；参考图 19-10，对照元器件列表，确认每个元器件。

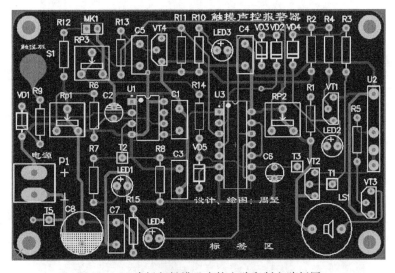

图 19-10 直插版触摸及声控电路印制电路板图

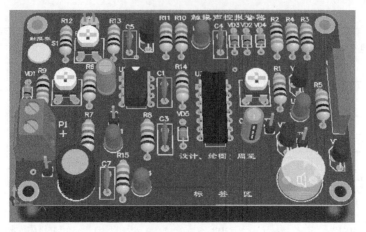

图 19-11　直插版触摸及声控电路 3D 视图

19.4.2　贴片版识读

图 19-12 是贴片版触摸及声控电路印制电路板设计图，图 19-13 是贴片版触摸及声控电路 3D 视图。参考图 19-12 及图 19-13，对照元器件列表，确认每个元器件。

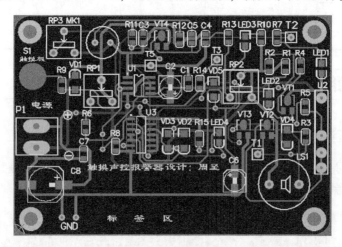

图 19-12　贴片版触摸及声控电路印制电路板设计图

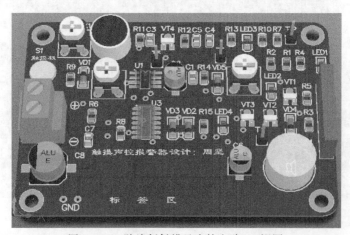

图 19-13　贴片版触摸及声控电路 3D 视图

19.5 电路安装

19.5.1 直插版安装

在印制电路板上找到相对应元器件的位置，根据孔距、电路和装配方式的特点，将元器件引脚成形，进行元器件插装，插装的顺序为：先低后高、先小后大、先里后外、先轻后重、先卧后立，前面工序不影响后面的工序，并且要注意前后工序的衔接。本制作中安装顺序为电阻→集成电路（插座）→磁片（独石）电容→晶体管→发光二极管→RM065可调电阻→电解电容（按钮）→接线端子。

插件装配应美观、均匀、端正、整齐、高低有序，不能倾斜。所有元器件的引线与导线均采用直脚焊，在焊面上剪脚留头大约 1 mm，焊点要求圆滑、无虚焊、无毛刺、无漏焊、无搭锡。

图 19-14 所示是直插版触摸及声控电路的实物图。

图 19-14　直插版触摸及声控电路实物图

19.5.2 贴片版安装

拿取印制电路板时尽量不要触摸到焊接面，应拿取印制电路板的边沿，或者用镊子取用。如果印制电路板已脏污，应使用洗板水或者无水酒精擦洗干净。

先在板上对元器件中的一个焊盘镀锡，然后左手拿镊子夹持元器件放到安装位置，右手拿烙铁靠近已镀锡焊盘熔化焊锡，将该引脚焊好。按此方法将所有贴片元器件焊好，其中多引脚元器件（如贴片集成电路等）可以焊对角的两个引脚，检查所有元器件，确定没有歪斜，再焊好其他引脚。

图 19-15 所示是贴片版触摸及声控电路的实物图。

图 19-15　贴片版触摸及声控电路实物图

19.6　电路调试

19.6.1　电源连接

本电路使用稳压电源提供 5 V 电压。

19.6.2　调试过程

通电并且电路稳定以后,各个 LED 均不亮。首先测试触摸电路,用手触摸 S1,LED1、LED2 点亮,VT2 导通,音乐报警电路发声。松开手,延时一段时间以后 LED1、LED2 熄灭,音乐报警电路不再发出声音。重复刚才的动作,调节 RP1,可以调整延时时间。

测试完触摸电路后测试声控电路,对传声器轻吹,LED3、LED4 均点亮,同时音乐报警电路发声。停止吹气,LED3 立即熄灭,但是 LED4 仍会点亮,报警继续。延时一段时间后 LED4 熄灭,报警电路停止工作。调节 RP3 可调整延时时间,RP3 接入电路的电阻越大,延时时间越长。调节 RP2,测量 VT1 集电极的电压,使其电压值接近 1/2VCC,声控电路的灵敏度就越高。

[项目拓展]　探究电平细节

本电路的供电电压范围很窄,首先,受音乐集成电路的极限工作电压限制,其供电电压不能超过 5 V;其次,集成电路 NE555 的最低工作电压为 4.5 V,因此整个电路的工作电压只能在 4.5~5 V 之间选择,然而选择 4.5 V 供电电压仍有不确定性。理论上 CD4069 为数字电路,其阈值在 1/2VCC,即输入端超过 1/2VCC 就被认定为高电平,而低于 1/2VCC 被视作低电平,实际上 CD4069 的上阈值约为 3.5 V,而下阈值约为 1.5 V,如果选择 4.5 V 为供电电压,NE555 输出电平仅约 3.5 V。这个电压值加在 CD4069 的输入端,实际上 CD4069 进入了线性工作区,被作为一个放大电路来使用,电路会进入不确定的工作状态。因此,这里选择 5 V 作为供电电压。

1) 当供电电压为 4.5 V 时,有什么现象?研究一下供电电压最低为多少时出现这样的现象。

2) 查找资料或者做实验,研究 CD4069 的线性工作区间有多大?

[项目评价]

项目	配分	评分标准	扣分	得分
焊接工艺	30	① 虚焊、漏焊、碰焊、焊盘脱落,每处扣 2 分,最多扣 10 分; ② 焊点表面粗糙、不光滑,有拉尖、毛刺、堆焊、焊点布局不均匀、夹渣,每处扣 1 分,最多扣 10 分; ③ 同类焊点大小明显不均匀,总体扣 3 分; ④ 表面不清洁,有大块焊剂或焊料残留,总体扣 3 分; ⑤ 焊接后的元器件引脚剪切不合理(过短、过长或长短不一),总体扣 2 分		
安装工艺	30	① 元器件标志方向、插装高度不符合工艺要求,每件扣 1 分,最多扣 6 分; ② 元器件引脚成形不符合工艺要求,每件扣 1 分,最多扣 6 分; ③ 元器件插装位置不符合要求,每件扣 2 分,最多扣 6 分; ④ 损坏元器件,每件扣 2 分,最多扣 10 分; ⑤ 整体排列不整齐,总体扣 2 分		
功能调试	30	① 无法实现触摸功能,扣 15 分; ② 能触发,但无法调整延时时间,扣 5 分; ③ 无法实现声控功能,扣 15 分; ④ 能实现声控,但无法调整延时时间,扣 5 分		
安全文明操作	10	① 工作台上工具摆放不整齐,扣 1 分; ② 未按要求统一着装,仪容仪表不规范,扣 1 分; ③ 未能严格遵守安全操作规程,造成仪器设备损坏,扣 5~8 分		
总分	100			

项目 20　噪声检测仪电路的安装与调试

[项目引入]

噪声检测是对干扰人们学习、工作和生活的声音及其声源进行的监测活动。其中包括：城市各功能区噪声监测、道路交通噪声监测、区域环境噪声监测和噪声源监测等。噪声监测结果一般以 A 计权声压级表示，所用的主要仪器是声级计和频谱分析器。噪声监测的结果用于分析噪声污染的现状及变化趋势，也为噪声污染的规划管理和综合整治提供基础数据。图 20-1 是某噪声检测仪器。通过本项目的安装与调试了解噪声检测的工作原理。

二维码 20-1
噪声检测仪

图 20-1　噪声检测仪

[项目学习]

20.1 基础知识

20.1.1　认识 LED 点阵模块

所谓 LED 点阵，一般是指由多个 LED 等间距构成的一种模块，理论上可以由单个 LED 发光二极管来搭接，但实际工作中常选用现成的模块，图 20-2 是市场上常见的两种 LED 点阵模块。

图 20-2　LED 点阵模块

图 20-3a 和图 20-3b 所示是这种点阵显示器内部的两种接法。以图 20-3a 为例，从图中可以看到，该模块共有 8 行 8 列共 16 个引脚，每个发光二极管放置在行线和列线的交叉点上，共 64 个发光二极管。当行置"1"、列置"0"时，该列与该行交叉点上的 LED 被点亮。而图 20-3b 所示电路则正好相反，当行置"0"、列置"1"时，交叉点上的 LED 被点亮。为讲

解统一，以下均以图 20-3b 所示电路图为例来说明。

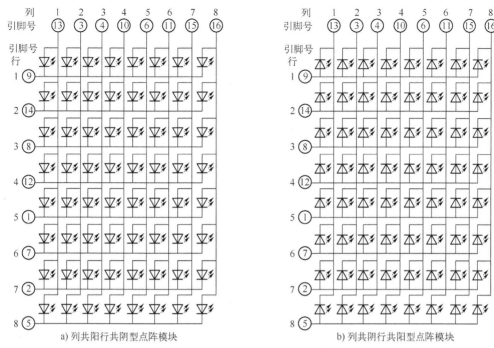

图 20-3 LED 点阵模块内部结构图

图 20-4 所示为 LED 点阵驱动示意图。为点亮这 64 个 LED 中的任意一个，可以有两种方案。

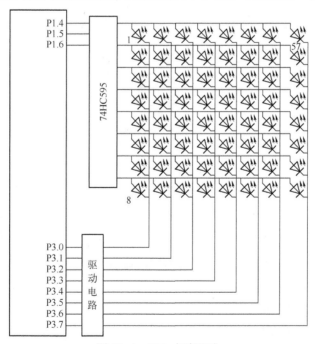

图 20-4 LED 点阵驱动

一种方案是以行引脚作为扫描线输入，使其轮流出现高电平。列的 8 个引脚正好由单片机的一个 I/O 口来驱动，由 P3 口来驱动。当列的 8 个引脚轮流变为高电平时，驱动行引脚的 I/O 产生相应的引脚电平变化。要点亮某一个 LED，该 LED 的行引脚必须为低电平"0"。例如要求第1行第1列交叉点上的LED点亮，同一行其余LED均不亮时，应该在第一行的引脚（9）出现高电平时，让第1列引脚（13）为低电平，而其余引脚（3、4、6、10、11、15、16）均为高电平。这8条引脚的状态正好由1个字节来描述，称之为字模。当第1列所需点亮的LED确定后，即确定第2列所需点亮的LED，即当第2条行扫描线（14）脚为高电平时，确定由列引脚送出字模。其余各列LED点亮的状况可以依此类推，为将这块显示器各点的状态都表达出来，共需要8个字节的字模。

第二种方案是从行线输入字模，而列线作为扫描线输入，即列引脚在任一时刻都只有1个脚为低电平，其余7个均为高电平。当8个列引脚轮流变为低电平时，行引脚输入相应的字形码。

20.1.2 字模及字模生成

使用LED点阵模块的重要工作之一是获得待显示字符的字模，手工编写字模很费事，很多人编写了各种各样的字模软件，虽然这些字模软件大多是为点阵型LCD显示屏编写的，但同样适用于LED点阵屏。为用好这些字模软件，必须学习字模的一些基础知识，这样才能理解字模软件中一些参数设置的方法，以获得正确的结果。

以8×8点阵为例来说明几种取模方式，图20-5所示的"中"字，有4种取模方式，可分别参考图20-6~图20-9。

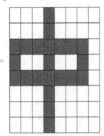
图20-5 在8×8点阵中显示"中"字

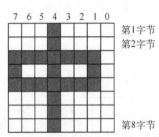
图20-6 横向取模、高位在左

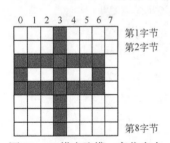
图20-7 横向取模、高位在右

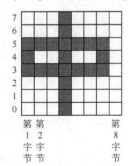
图20-8 纵向取模、高位在上

图20-9 纵向取模、高位在下

如果将图中有颜色的方块视为"1"，空白区域视为"0"，则按图20-6~图20-9这4种不同方式取模时，字模分别如下：

（1）横向取模、高位在左（见表20-1）

即在该种方式下字模表为：

ZM[ ] = {0x10,0x10,0xFE,0x92,0xFE,0x10,0x10,0x10}

（2）横向取模、高位在右

这种取模方式与表20-1类似，区别仅在于表格的第一行，即位排列方式不同，具体见表20-2。

表 20-1　字形与字模的对照关系表（横向取模、高位在左）

位	7	6	5	4	3	2	1	0	
字节 1	0	0	0	1	0	0	0	0	0x10
字节 2	0	0	0	1	0	0	0	0	0x10
字节 3	1	1	1	1	1	1	1	0	0xFE
字节 4	1	0	0	1	0	0	1	0	0x92
字节 5	1	1	1	1	1	1	1	0	0xFE
字节 6	0	0	0	1	0	0	0	0	0x10
字节 7	0	0	0	1	0	0	0	0	0x10
字节 8	0	0	0	1	0	0	0	0	0x10

表 20-2　字形与字模的对照关系表（横向取模、高位在右）

位	0	1	2	3	4	5	6	7	
字节 1	0	0	0	1	0	0	0	0	0x08
字节 2	0	0	0	1	0	0	0	0	0x08
字节 3	1	1	1	1	1	1	1	0	0x7F
字节 4	1	0	0	1	0	0	1	0	0x49
字节 5	1	1	1	1	1	1	1	0	0x7F
字节 6	0	0	0	1	0	0	0	0	0x08
字节 7	0	0	0	1	0	0	0	0	0x08
字节 8	0	0	0	1	0	0	0	0	0x08

在该种方式下字模表为：

ZM[ ] = {0x8,0x8,0x7F,0x49,0x7F,0x8,0x8,0x8}

（3）纵向取模、高位在下

ZM[ ] = {0x1C,0x14,0x14,0xFF,0x14,0x14,0x1C,0x00}

（4）纵向取模、高位在上

ZM[ ] = {0x38,0x28,0x28,0xFF,0x28,0x28,0x38,0x00}

究竟应该采取哪一种取模方式，取决于硬件电路的连接及编程算法。按图 20-4 所示 LED 屏驱动电路，图中 LED 点阵从左到右分别称为第 1 列~第 8 列，第 1 列第 1 行的 LED 的编号为 "1"，从上往下依次为 1~8，第 2 列 LED 从上到下编号为 9~16，依此类推，最后一列的 8 个 LED 编号为 57~64。图中标出了 1、8、57 和 64 这 4 个 LED 编号，可供参考。

如果 P3 口送出扫描信号，也就是 P3.0~P3.7 顺序为高电平，即使得驱动晶体管顺序导通，而字模信号从 P1 口送出，那么此时所采取的取模方式就是 "纵向取模、高位在下"。

如果 zm[0] 为 0x1C，则 3、4、5 号 LED 被点亮，即相当于点亮 "中" 字的最左的 "竖"。其余字模依次送出时分别点亮 "中" 字的其他各 "竖"。

如果将 P1 口作为扫描输出信号，即 P1.0~P1.7 顺序出现高电平，而字模信号从 P3 口送出，并且是 "横向取模、高位在右"。如果将 P3 连线方式改为 P3.0 在最下方一行，其余各行依次向上，则取模方式就是 "横向取模、高位在左"。

20.2　原理分析

图 20-10 所示是噪声测试仪的完整电路原理图。

图中 U1 是 STC15W408AS 芯片，这是一块 28 脚的单片机芯片，本电路中使用 U1 的 P3 口和 P2 口作为 LED 点阵屏的列驱动，而 LED 点阵屏的行由 2 块 74HC595 芯片驱动。

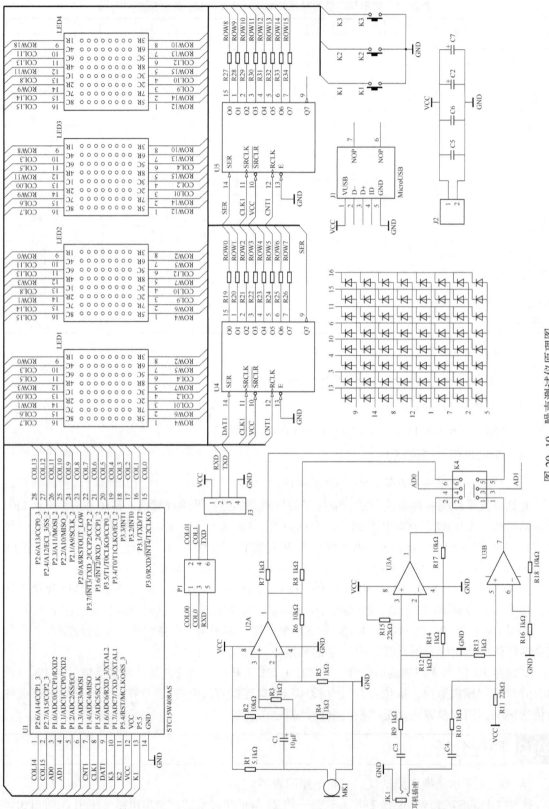

图 20-10 噪声测试仪原理图

74HC595 为可以串接使用的串入并出锁存器芯片，两块 74HC595 与单片机的连接只需要 3 个引脚，这里使用了 P1.4、P1.5 和 P1.6 三个引脚驱动。

　　P1 是双排 6 位选择开关，使用两排 3 针单排针，使用短路帽选择 P3.0 及 P3.1 两个引脚的功能，当需要在线编程时将短路帽接于印制电路板上"编程"位，即将 P3.0 与 P3.1 接入 J3 端子。

　　U2 构成传声器放大电路，而 U3A 及 U3B 构成双输入信号放大电路。这三个电路均为单电源同相交流放大电路。以 U3A 构成的电路为例，R15 与 R13 组成的分压电路为放大电路提供直流电平。由于 U3 供电没有负电源，因此通过 JK1 送入的交流信号叠加在直流电平上，避免低于 0V 的信号送入运放而被截止。根据电路参数，在没有交流信号输入时，U3A 的 1 脚输出电压值为 2.5 V 左右。送入交流信号后，U3A 的 1 脚输出电压在 2.5 V 上下变动，另两个电路原理与 U3A 构成的电路类似。

20.3　关联知识

20.3.1　识读面板图

　　噪声检测仪选用 F2 机壳，图 20-11 所示是噪声检测仪的面板设计图。

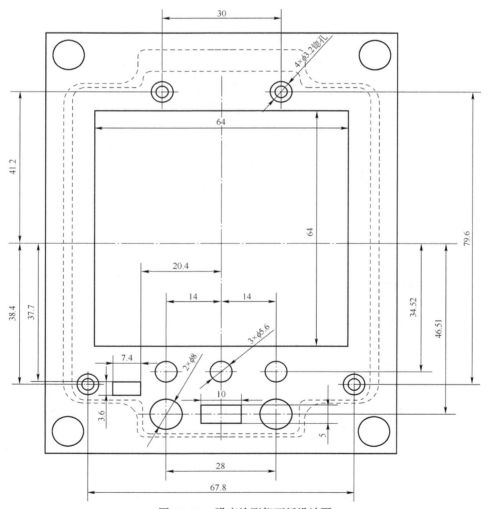

图 20-11　噪声检测仪面板设计图

1) 图中 64 mm×64 mm 矩形用来放置 4 块 LED 点阵屏。
2) 3 个 φ5.6 孔用来透过按键柄。
3) 2 个 φ8 孔分别用来透出传声器和耳机插座。
4) 左侧的 7.4×3.6 方孔用来透出 Mini USB 插座。
5) 中间的 10×5 方孔用来透出拨动开关。

20.3.2 亚克力面板

本项目外壳面板安装时点阵屏完全暴露，显示效果不好，为此可以设计 PVC 面板，也可以在外壳面板上加一块亚克力面板来加强设计效果。亚克力又叫 PMMA 或有机玻璃，是一种开发较早的重要可塑性高分子材料，具有较好的透明性、化学稳定性和耐候性，易染色、易加工、外观优美。图 20-12 所示是某电子仪器配亚克力外壳的效果。亚克力加工已有成熟的加工工艺，只要提供图样，企业即可使用激光切割的方法做出各种复杂的形状，精度高而成本低。本项目中仅加工一块面板，使用双面胶粘贴于机壳面板。

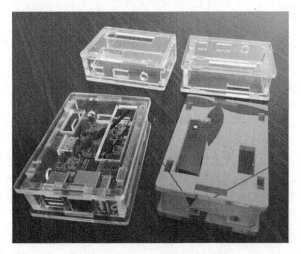

图 20-12　电子仪器的亚克力外壳

[项目实施]

20.4 元器件清单

如表 20-3 所示为噪声检测仪元器件列表。

表 20-3　噪声检测仪元器件

序号	标　号	型　号	数量	元器件封装的规格
1	R1	5.1 kΩ	1	0805
2	R2、R6、R17、R18	10 kΩ	4	0805
3	R3、R4、R5、R7~R10、R12、R13、R14、R16	1 kΩ	11	0805
4	R11、R15	22 kΩ	2	0805
5	R19~R34	220 Ω	16	0805
6	C1、C2、C7	10 μF/16 V	3	贴片电解电容
7	C3、C4、C5、C6	0.1 μF	4	0805

(续)

序号	标 号	型 号	数量	元器件封装的规格
8	MK1	6050	1	φ6 mm×5 mm 驻极体传声器
9	U1	STC15W408AS	1	SOP28
10	U2，U3	LMV358	2	SOP8
11	U4，U5	74HC595	2	SOP16
12	K4	SS-22D07	1	双刀双掷拨动开关
13	JK1	PJ-392	1	3.5 mm 立体声耳机座
14	J3	4 单排针	1	单排针截取
15	P1	6 双排针	1	双排针截取
16	LED1~LED4	1088BS	4	8×8 φ3 mm LED 点阵
17	J1	Mini USB 直插座	1	直针连接器
18	J2	XH2.54	1	2 脚直针连接器
19	K1~K3	轻触按键	3	6 mm×6 mm，柄高 9.5 mm
20		PCB	1	定制
21		F2 机壳	1	定制

20.5 印制电路板识读

图 20-13 所示是噪声检测仪的印制电路板图。

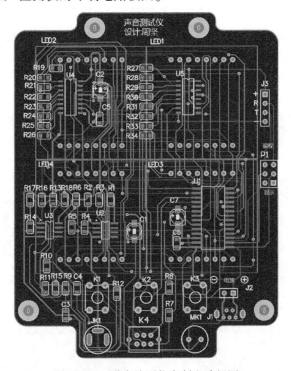

图 20-13 噪声检测仪印制电路板图

图 20-14 和图 20-15 分别是元器件面及焊接面的 3D 视图。借助 3D 视图可以看出，该电路安装时传声器、拨动开关、耳机插座、LED 点阵屏等元器件需安装在焊接面，而其他元器件则安装在元器件面。对照这三个图及表 20-3，检查各元器件。

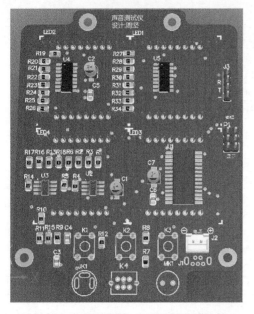 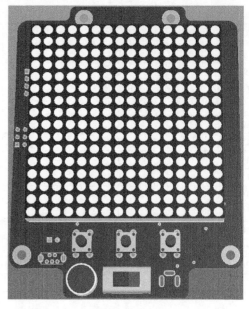

图 20-14　噪声检测仪的元器件面 3D 视图　　　图 20-15　噪声检测仪的焊接面 3D 视图

20.6　电路安装

电路安装的顺序：贴片电阻→贴片电容→贴片集成电路→贴片电解电容→端子→传声器→按键→拨动开关→LED 点阵屏。

图 20-16 和图 20-17 所示是安装好的电路板，通过这两个图，可以查看更多的细节。

图 20-16　噪声检测仪的元器件面实物图　　　图 20-17　噪声检测仪的焊接面实物图

图 20-18 和图 20-19 分别是仪表的外壳及电路板安装于外壳后的情形。安装时注意电路板上元器件的高度，实际制作中，8×8 点阵屏贴底安装，将其安装于外壳上以后，耳机插座将会高出面板，其他元器件，包括按钮、Mini USB 插座等都是正好与面板持平。

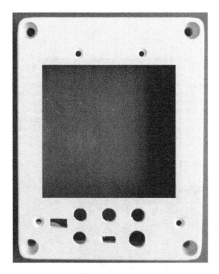

图 20-18　仪表外壳　　　　　　图 20-19　噪声检测仪安装于外壳中

20.7 电路调试

本电路提供的是已写好芯片代码的单片机芯片，不需要现场写代码。有两种供电方案，其一是通过手机充电头并配接 Mini USB 接口线来供电。图 20-20 所示是 Mini USB 连接线。其二是使用 3 节 4.5 V 电池供电，使用电池盒并制作 XH2.54 两芯端子，通过电路板上的 J2 接入电路。

电路通电后，点阵屏流动显示"噪声检测仪"5 个汉字，随后进入测试界面，此时 4 块 LED 点阵屏上分别显示数字及字符，其中上面两块用来显示所测得的数值，而下面两块显示"db"两个字母。将传声器与耳机中间的拨动开关拨至传声器一侧，对着传声器讲话或者播放音乐，上面两块显示屏所显示的数值不断变化。

图 20-20　Mini USB 连接线

将拨动开关拨至传声器插座一侧，可以从传声器插座中输入信号发生器所产生的信号进行更精确的检测。

[项目拓展]　探究频谱显示

频率显示是将输入的音频信号进行频段分组，例如 50~100 Hz、200~300 Hz 等，然后分别检测各频段的幅值，并且将它们以光柱高度的方式显示出来。图 20-21 所示是频谱显示示意图。

图 20-22 所示是某频谱显示效果图，该显示仪对采集到的音频信号进行 A/D 转换，然后通过算法得到各频段信号的幅值并显示出来，而不是通过硬件滤波器的方式分离各频段信号再分别采样显示。本项目的硬件完全满足频段显示器所需条件，关于频谱处理的编程方法、例子代码可以在网上找到。请读者上网查找并了解频谱仪知识，探究其中包含的数学原理。

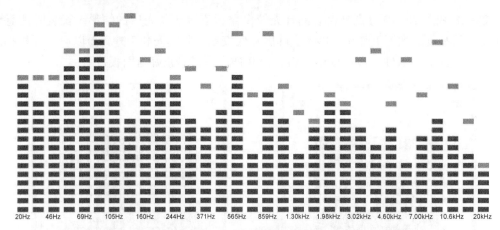

图 20-21　频谱示意图

图 20-22　频谱显示效果图

[项目评价]

项　目	配　分	评 分 标 准	扣　分	得　分
焊接工艺	20	① 虚焊、漏焊、碰焊、焊盘脱落，每处扣 2 分，最多扣 6 分； ② 焊点表面粗糙、不光滑，有拉尖、毛刺、堆焊、焊点布局不均匀、夹渣，每处扣 1 分，最多扣 4 分； ③ 同类焊点大小明显不均匀，总体扣 3 分； ④ 表面不清洁，有大块焊剂或焊料残留，总体扣 3 分； ⑤ 焊接后的元器件引脚剪切不合理（过短、过长或长短不一），总体扣 2 分		
安装工艺	15	① 元器件标志方向、插装高度不符合工艺要求，每件扣 1 分，最多扣 3 分； ② 元器件引脚成形不符合工艺要求，每件扣 1 分，最多扣 3 分； ③ 元器件插装位置不符合要求，每件扣 1 分，最多扣 3 分； ④ 损坏元器件，每件扣 1 分，最多扣 4 分； ⑤ 整体排列不整齐，总体扣 2 分		
整机安装工艺	25	① 安装完成后 4 块点阵屏高低不平扣 5 分； ② 传声器无法对准安装孔扣 5 分； ③ 拨动开关无法操作扣 5 分； ④ 按键开关未略凸出面板或过于凸出，扣 5 分； ⑤ Mini USB 接口未正确对准开孔，扣 5 分		

（续）

项 目	配 分	评 分 标 准	扣 分	得 分
功能调试	30	① 开机无显示，扣15分； ② 在仪器前播放音乐时无反应，扣15分		
安全文明操作	10	① 工作台上工具摆放不整齐，扣1分； ② 未按要求统一着装，仪容仪表不规范，扣1分； ③ 未能严格遵守安全操作规程，造成仪器设备损坏，扣5~8分		
总分	100			

项目 21　音量指示电路的安装与调试

[项目引入]

很多音响设备、播放器都有音量指示,人们可以直观地"看到"音量的大小变化。图 21-1 所示是某设备上的音量指示部件的外观。本项目通过这样的制作来学习电平知识,掌握精密整流电路的工作原理,学会专用集成电路 LM3914 的用法。

二维码 21-1
音量指示部件

图 21-1　设备上的音量指示部件

[项目学习]

21.1　基础知识

21.1.1　认识电平

所谓电平,是指两功率或电压之比的对数,有时也可用来表示两电流之比的对数。电平的单位用 dB(分贝)表示。常用的电平有功率电平和电压电平两类,它们各自又可分为绝对电平和相对电平两种。

从电压电平的定义就可以看出电平与电压之间的关系,电平的测量实际上也是电压的测量,只是刻度不同而已。任何电压表都可以成为一个测量电压电平的电平表,只要表盘按电平刻度标识即可,在此要注意的是电平刻度是以 1 mW 功率消耗于 600 Ω 电阻为零分贝进行计算的,即 $0\,\text{dB}=0.775\,\text{V}$。

21.1.2　认识 LM3914 集成电路

LM3914 是 10 位发光二极管驱动器,它可以把输入模拟量转换为数字量输出驱动 10 位发光二极管来进行点显示或柱状显示。图 21-2 是 LM3914 的外形，图 21-3 是其引脚图。这一芯片内部电路中 4 脚和 6 脚之间连接有 10 个精密分压电阻，7 脚和 8 脚之间是一个参考电压源，9 脚为点/柱模式选择，5 脚为信号输入端。

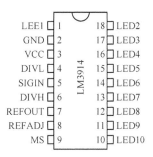

图 21-2　LM3914 外形　　　　　　　　图 21-3　LM3914 引脚图

LM3914 内置参考电压源可由外部电阻调节输出 5 V，即在 7 脚和 8 脚之间维持一个 5 V 的基准电压 V_{ref}，该基准电压可以直接给内部分压器使用，这样当 V_{in}（5 脚）输入一个 0~5 V 电压时，通过比较器即可点亮 0~10 个发光二极管。

21.1.3　认识 10 段 LED 光条

10 段 LED 光条内置了 10 个条形的 LED，使用 DIP-20 封装，图 21-4 所示是其外形图，图 21-5 所示是其内部结构图。

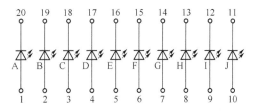

图 21-4　10 段 LED 光条外形　　　　　图 21-5　10 段 LED 光条内部结构图

21.2　原理分析

图 21-6 所示是音量指示电路的功能框图。

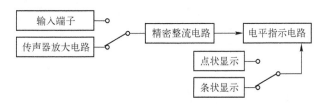

图 21-6　音量指示电路功能框图

图 21-7 所示是音量指示电路的完整原理图，其中的 J1 和 J2 分别对应图 21-6 中的两个选择开关。

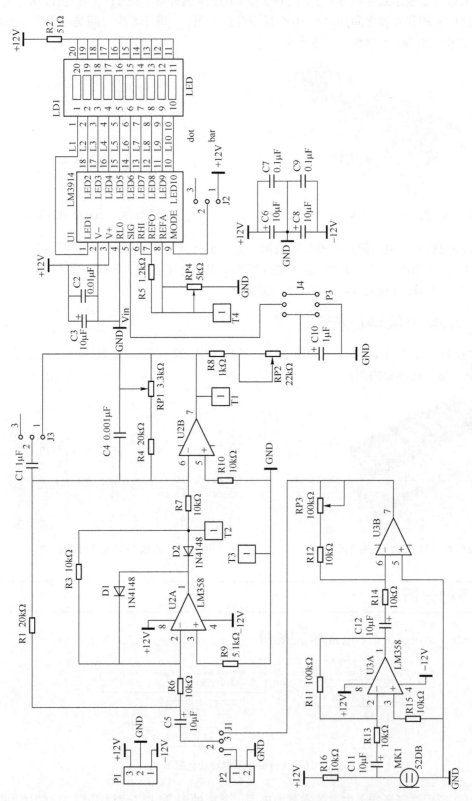

图 21-7 音量指示电路原理图

21.2.1 传声器音量放大电路

图 21-8 所示是传声器音量放大电路，U3A、U3B 及相关元器件构成两级传声器音量放大电路。U3A 及电阻 R11、R13、R15 构成放大倍数为 10 倍的反相交流放大电路，R16 是驻极体传声器 MK1 的偏置电路。传声器捡拾到声音信号，经 C11 隔直后放大 10 倍送入 U3B 组成的第 2 级放大电路，该级放大电路的放大倍数由 RP3 决定，按图 21-8 中参数，放大倍数可以在 1~11 之间变化。这样两级放大电路的放大倍数可在 10~110 之间变化。

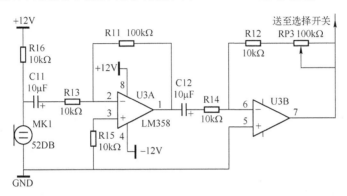

图 21-8 传声器音量放大电路

21.2.2 精密整流电路

图 21-9 所示电路是精密整流电路，U2A 及外围电路构成正半波输入 2 倍压反相整流放大电路，U2B 为反相求和电路。若输入信号峰值为 ±2 V 的正弦波信号电压，则 T2 点输出为 -4 V 对应输入正半波的电压信号；此信号经在 U2A 反相输入端与输入信号相加（-4 V+2 V=-2 V），得到 -2 V 的脉动直流（在后级电路需要正的采样电压时）输入信号，再经 U2B 反相求和电路，得

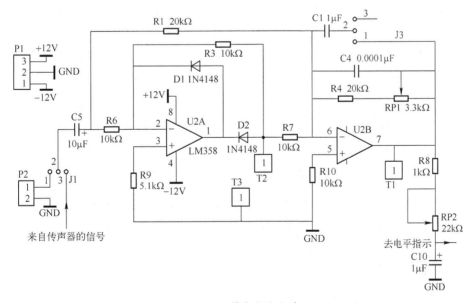

图 21-9 精密整流电路

到 2 V 脉动直流信号。图 21-10 所示是电路的工作波形图，电路起到全波整流电路的作用，但它可对幅值小于二极管死区电压的交流信号及频率在音频范围（20 Hz ~ 20 kHz）之内的交流信号进行整流。

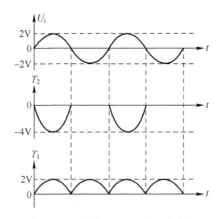

图 21-10　精密整流电路各点波形

21.2.3　电平指示电路

图 21-11 所示是 LM3914 构成的电平指示电路。LM3914 内部由输入缓冲器、10 级电压比较器（由分压器和比较器组成）、显示方式选择电路、5 V 基准电源电路等组成。输入信号从其 5 脚（输入端）加入，经输入缓冲器放大后，送至其内部 10 级电压比较器的反相输入端，与各电压比较器同相输入端的分压器上基准电压进行比较。每级分压器上的基准电压为 0.5 V，逐级比较电平分别为 0.5 V、1 V、1.5 V、2 V……5 V。当输入模拟信号电压低于 0.5 V 时，10 级比较器均输出高电平；当输入信号电压高于 0.5 V 时，电压比较器 1 输出低电平（1 脚）；当输入信号电压高于 1 V 时，电压比较器 2 输出低电平（18 脚）……当输入信号电压高于 5 V 时，电压比较器 10 输出低电平（10 脚）。若将这 10 个输出端接上发光二极管，即可线性地显示出输入模拟信号的大小。LM3914 的 9 脚为显示模式转换端，将该脚接地或悬空时，显示模式为点状（LED 单个发光）；将该脚接正电源端（V_{CC}）时，显示模式为线状（逐级发光）。

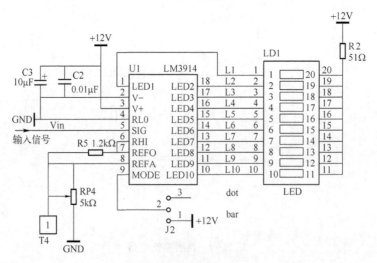

图 21-11　电平指示电路

[项目实施]

21.3 元器件清单

如表 21-1 所示是音量指示电路元器件列表。

表 21-1 音量指示电路元器件

序 号	标 号	型 号	数 量	元器件封装的规格
1	R1, R4	20 kΩ	2	RJ-0.25 W(AXIAL0.4)
2	R2	51 Ω	1	RJ-0.5 W(AXIAL0.6)
3	R3, R6~R7, R10, R12~R16	10 kΩ	9	RJ-0.25 W(AXIAL0.4)
4	R5	1.2 kΩ	1	RJ-0.25 W(AXIAL0.4)
5	R8	1 kΩ	1	RJ-0.25 W(AXIAL0.4)
6	R9	5.1 kΩ	1	RJ-0.25 W(AXIAL0.4)
7	R11	100 kΩ	1	RJ-0.25 W(AXIAL0.4)
8	C1	1 μF	1	MLCC-63 V(RAD0.2)
9	C2	0.01 μF	1	MLCC-63 V(RAD0.2)
10	C3, C5, C6, C8, C11, C12	10 μF/25 V	7	CD11
11	C4	1000 pF	1	MLCC-63 V(RAD0.2)
12	C7, C9	0.1 μF	2	MLCC-63 V(RAD0.2)
13	D1~D2	1N4148	2	DO35
14	RP1	3.3 kΩ	1	3362 微调电位器
15	RP2	22 kΩ	1	3362 微调电位器
16	RP3	100 kΩ	1	3362 微调电位器
17	RP4	5 kΩ	1	3362 微调电位器
18	U1	LM3914	1	DIP-18(配插座)
19	U2, U3	LM358	2	DIP-8(配插座)
20	P1	JK128-5.0	1	3 脚直针连接器
21	P2	JK128-5.0	1	2 脚直针连接器
22	LD1	LDB10R	1	10 位 LED 发光条
23	J1~J3	3 位单排针	3	单排针剪取
24	MK1	52DB	1	驻极体传声器
25	T1~T4	1 位单排针	4	单排针剪取
26		PCB	1	定制

21.4 印制电路板识读

识读如图 21-12、图 21-13 所示的音量指示电路印制电路板图和图 21-14 所示音量指示电路的 3D 视图,对照实物识别各元器件。

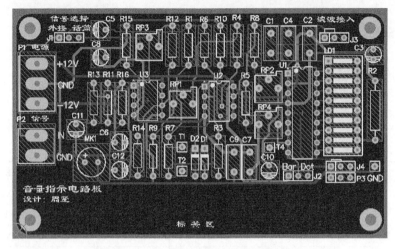

图 21-12　音量指示电路印制电路板图

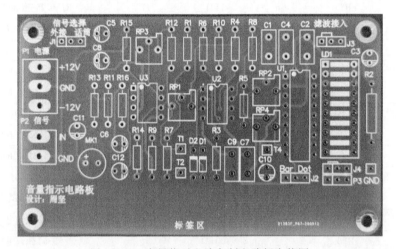

图 21-13　音量指示电路印制电路板实物图

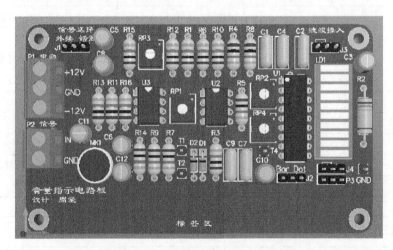

图 21-14　音量指示电路 3D 视图

21.5 电路安装

21.5.1 安装顺序

电路安装按照先低后高、先轻后重、先内后外的顺序进行。

本电路板的安装顺序为：电阻→二极管→3362 电位器→DIP 集成电路插座→独石电容→单排针（测试点、J1、J2）→传声器→电解电容→接线端子。

21.5.2 安装说明

本电路中的 3 个集成电路均采用插座安装，注意安装时的方向。LD1 是 LED 指示条，可以使用 20 引脚的集成电路插座来安装，也可以直接焊接于电路板上。

安装时电阻、3362 电位器、电解电容等都应贴底安装，焊接完成后要仔细检查电路，没有错、漏焊才能进行下一步的调试工作。

21.6 电路调试

21.6.1 电源连接

本电路使用±12 V 电源供电，应使用稳压电源为其供电。

21.6.2 调试过程

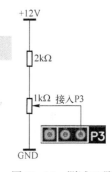

图 21-15 测试工具

1）按图 21-15 自制一个测试工具，电位器可以用 3362 型，12 V 电源及 GND 通过引线接入电路板的 P1 端。电路板上 J4 短路帽接于右侧，电位器的中心抽头使用杜邦线插孔线连接，接到电路板的 P3 的左侧的那个接线柱。调节 RP1 可以生成 0~4 V 电压。

调节电位器，观察 LM3914 输出端 LED 光条的点亮情况，记录入表 21-2。

表 21-2 光条点亮情况

J4 中点值/V	光条点亮情况（J2 短路帽接 Bar）	光条点亮情况（J2 短路帽接 Dot）
1		
2		
3		
4		

2）使用短路帽将 J1 的中和左位相连（字符标注为外接）。

将信号发生器输出端接入 P2 端，使用示波器观察波形并记录数据。

① 信号发生器输出 1Vp-p、1 kHz 正弦波，J3 短路帽不接或插于右侧，记录 T2 和 T1 波形。

T2 波形记入表 21-3。

表 21-3　测量结果一

T2 波形		波形的峰–峰值	波形的周期
		示波器 Y 轴量程档位	示波器 X 轴量程档位

T1 波形记入表 21-4。

表 21-4　测量结果二

T1 波形		波形的峰–峰值	波形的周期
		示波器 Y 轴量程档位	示波器 X 轴量程档位

② 信号发生器输出 0.5Vp-p、500 Hz 正弦波，J3 短路帽插于左侧，记录 T2 和 T1 波形。T2 波形记入表 21-5。

表 21-5　测量结果三

T2 波形		波形的峰–峰值	波形的周期
		示波器 Y 轴量程档位	示波器 X 轴量程档位

T1 波形记入表 21-6。

表 21-6　测量结果四

T1 波形	波形的峰–峰值	波形的周期
	示波器 Y 轴 量程档位	示波器 X 轴 量程档位

3）使用短路帽将 J1 的中和右位相连（字符标注为传声器）。

对传声器轻轻吹气，如果电路一切正常，应该可以看到指示条点亮。如果没有任何指示条点亮，可以稍用力吹再观察，如果仍观察不到指示条点亮，可以顺时针调节 RP3 至最大，重复测试，如果仍看不到指示条点亮，则说明电路有问题，需要进一步测试。

[项目拓展] 探究指针式电平表驱动

本电路的电平指示电路是一个通用的电路，只要在其输入端（SIG，5 脚）接入信号，则其就驱动后级的 LED 指示条随电压高低而点亮。而其前级就是一个交流信号的幅度变换为直流信号高低的电路，这两个电路完全可以分开，即使用其他方式替代信号指示电路。其中典型的是使用图 21-16 所示的指针式电平表，讨论一下如果使用这种表来替代 LM3914 电平指示电路，应该如何修改电路？

图 21-16　指针式电平表

[项目评价]

项 目	配 分	评 分 标 准	扣 分	得 分
焊接工艺	30	① 虚焊、漏焊、碰焊、焊盘脱落，每处扣2分，最多扣10分； ② 焊点表面粗糙、不光滑，有拉尖、毛刺、堆焊、焊点布局不均匀、夹渣，每处扣1分，最多扣10分； ③ 同类焊点大小明显不均匀，总体扣3分； ④ 表面不清洁，有大块焊剂或焊料残留，总体扣3分； ⑤ 焊接后的元器件引脚剪切不合理（过短、过长或长短不一），总体扣2分		
安装工艺	30	① 元器件标志方向、插装高度不符合工艺要求，每件扣1分，最多扣5分； ② 元器件引脚成形不符合工艺要求，每件扣1分，最多扣5分； ③ 元器件插装位置不符合要求，每件扣2分，最多扣8分； ④ 损坏元器件，每件扣2分，最多扣10分； ⑤ 整体排列不整齐，总体扣2分		
功能调试	30	① 无论如何调整，LED指示条均不亮，扣10分； ② LED指示条无法随音量变化，扣10分； ③ 无法实现光条/光点切换功能，扣10分		
安全文明操作	10	① 工作台上工具摆放不整齐，扣1分； ② 未按要求统一着装，仪容仪表不规范，扣1分； ③ 未能严格遵守安全操作规程，造成仪器设备损坏，扣5~8分		
总分	100			

项目 22　数控稳压电源的安装与调试

[项目引入]

图 22-1 所示是数字控制式电源,其设置除了传统的按键方式之外,还使用了编码开关,图右上角手位置处的旋钮就是编码开关,这种开关可以无限旋转,可顺、逆时针旋转,使用数字化方式进行数字加减。这个项目中我们跟随数字化潮流用上编码开关。

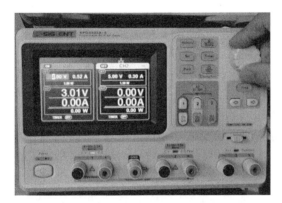

二维码 22-1
数字控制稳压电源

图 22-1　数字控制式电源

[项目学习]

22.1　基础知识

22.1.1　认识旋转编码开关

旋转编码开关已广泛应用于电子设备,使用这种设备可以生成两路相互关联的脉冲输出信号。图 22-2a 所示是 EC11 型旋转编码开关的外形图,图 22-2b 所示是旋转编码开关的内部结构图。

a) 旋转编码开关外形

b) 旋转编码开关内部结构

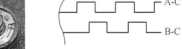

c) 旋转编码开关工作波形

图 22-2　EC11 型旋转编码开关

旋转编码开关有 3 个引脚，分别为 A、B 和 C 引脚，其中 C 为公共端，将其接地，A、B 引脚通过上拉电阻接 V_{CC}，转动手柄，即可获得脉冲信号。当顺时针转动手柄时，A-C 相位超前于 B-C 相位，图 22-2c 所示是其工作波形；当逆时针转动手柄时，B-C 相位超前于 A-C 相位，即将图中 A-C 和 B-C 波形互换，这里就不再画出了。

22.1.2　认识电流采样电路

电流采样即通过在电路中串联入采样电阻并且测量采样电阻两端电压的方法来测量电流。图 22-3 所示是采样电阻接在低端，图 22-4 所示是采样电阻接在高端。这两种方法各有其特点及适用场合。

图 22-3　采样电阻接在低端　　　　图 22-4　采样电阻接在高端

当采样电阻接在低端时，使用同相比例放大电路就可以。假设电路中流过的电流为 100 mA，采样电阻的阻值为 0.5 Ω，则采样电阻两端的电压为 0.05 V，若放大倍数为 20，则放大电路的输出可达到 1 V。当采样电阻接在高端时，必须用差分放大电路才能正确放大采样信号。同样是 0.5 Ω 的采样电阻、同样 100 mA 的电流，采样电阻两端的电压也是 0.01 V，但此时采样电阻的一端电压为最高输出电压（VCC），另一端电压为（VCC-0.1 V），这时如果用同相比例放大电路就无法正确地放大这个 0.1 V 的信号了，因为这时电路的输入为 VCC，而不是 0.1 V。为放大这个取样信号，就必须使用差动放大电路。差动放大电路又称为差分放大电路，当该电路的两个输入端的电压有差别时，输出电压才有变动，因此称为差动。图 22-5 所示是差动放大电路，差分放大电路有差模和共模两种基本输入信号，由于其电路的对称性，当两输入端所接信号大小相等、极性相反时，称为差模输入信号；当两输入端所接信号大小相等、极性相同时，称为共模信号。通常将要放大的信号作为差模信号进行输入，而将由温度等环境因素对电路产生的影响作为共模信号进行输入，最终的目的是要放大差模信号，抑制共模信号。

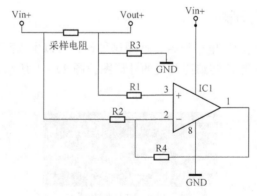

图 22-5　差动放大电路

22.1.3 认识 LM2575 集成电路

LM2575 是可以输出 1A 电流,且电流为 1A 时效率高达 80%以上的降压开关电源芯片,开关工作频率是 52 kHz。LM2575 系列可以作为常用三端可调线性稳压器的高效率替代品,它大大减少了三端稳压所需要的散热片大小,在许多情况下,不需要使用散热片。

LM2575 有固定输出和可调输出两种版本,固定输出版本根据型号不同,可输出 3.3 V、5 V 和 12 V 等多种电压,可调输出版本输出电压为 1.23~37 V。

这种稳压器使用简单,因为它只需要很少的外部元器件,其自身包括内部频率补偿和固定频率振荡器,还具备电流限制和热故障条件下保护关机功能。

图 22-6 所示是 LM2575 的几种外形封装。

图 22-6 LM2575 开关电源芯片封装

图 22-7 所示是 LM2575 的工作电路。该图所示是固定输出型,其 Feedback 端 4 脚直接接到输出端。如果是可调输出型,则在输出端接一个电阻分压回路。

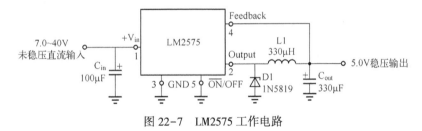

图 22-7 LM2575 工作电路

22.2 原理分析

22.2.1 电路原理图

数控稳压电源由电源板和控制板两部分组成,图 22-8 所示是电源板的完整电路原理图。电路由±15 V 电源电路、控制板电源电路、串联式稳压电源等部分组成。

22.2.2 ±15 V 电源电路

±15 V 电源电路使用了双 18 V 交流输出的变压器,其中心抽头接入 J1 的中间端,即接地端,两个 18 V 输出端分别接 J1 的 1、3 端。这组交流电压经 BG1 整流桥整流后,获得脉动直流电,经电容 C3、C4 及 C7、C8 滤波后获得较为平滑的直流电,再由 U1(7815)和 U2(7915)两个三端稳压集成电路稳压,输出±15 V 电源。

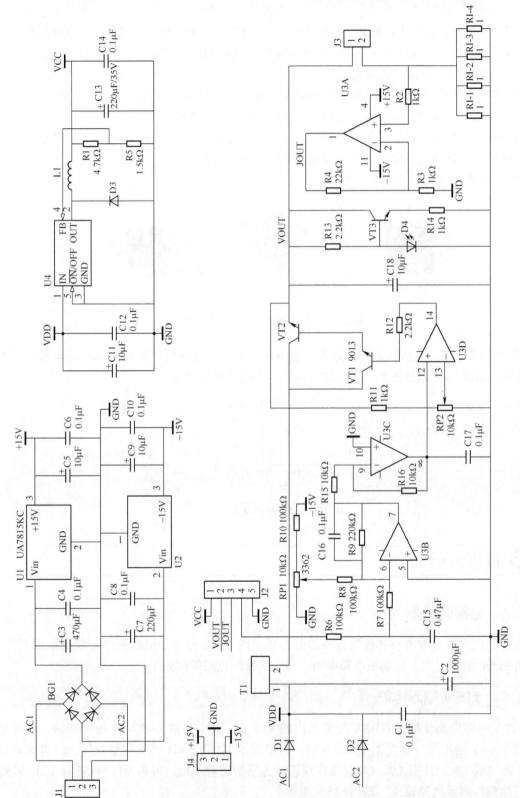

图 22-8 电源板完整电路图

22.2.3 控制板供电电路

本电源的控制板需要 5 V 直流电源,这个电源取双 18 V 交流电整流滤波后的直流电压,此电压较高(空载约 28 V,满载 22~24 V),如果直接使用 7805 稳压,会造成 7805 芯片上的压降过高(20 V 以上),而控制板有 6 位数码管,工作电流约 100 mA,这会在 7805 芯片上造成约 2 W 的功耗,需要为 7805 配置较大的散热器,而且当 7805 芯片的输入电压超过 20 V 时,其输出也不稳定。综合考虑以上因素,本设计中使用 LM2575 开关稳压电源,该电源的效率可达 75%。与此对比,以上工作条件下如果使用 7805,那么其效率仅为 20%~25%。

LM2575 有固定 5 V 输出(型号为 LM2575-5.0)及可调输出(型号为 LM2575-ADJ)两种类型,如果使用 LM2575-ADJ 设计控制板供电电路,则电路的输出为

$$V_{\text{out}} = V_{\text{ref}}\left(1 + \frac{R_1}{R_5}\right)$$

式中,$V_{\text{ref}} = 1.23\text{ V}$。

当 R_1 取值 4.3 kΩ,且 R_5 取 1.4 kΩ 时,输出电压为 5.007 V,非常接近标准 5 V 电压。但 1.4 kΩ 电阻需要取 E48 系列,不常用。另一种方案是 R_1 为 4.7 kΩ,R_5 为 1.5 kΩ,输出电压为 5.08 V。

该电路也同样适用于 LM2575-5.0 型号的芯片,此时 R_5 不装,R_1 为 0 Ω 电阻。

22.2.4 恒流源负载电路

图 22-8 中 R13、D4、VT3、R14 等元器件构成一个恒流源,用于提供一个负载,避免空载时的失控。

22.2.5 全波整流及滤波电路

图 22-8 中的全波整流滤波电路及电流检测电路由 D1、D2 配合抽头式变压器构成,C1 和 C2 为滤波电容。T1 是为便于电流检测而设计的一个 2 位的单排针,在需要使用仪器测量电流时,将电流表串入 T1 的 1 脚和 2 脚即可。不需要测量时,使用一个短路块短接 T1 即可实现电路导通。U3A 与 R2、R3、R4 及电流取样电阻 RI 等组成过电流检测电路。为降低造价,便于制作,这里使用了 4 个 1 Ω 电阻并联来构成采样电路,这样即便使用普通的 0805 封装电阻,也可以获得较好的采样效果。当电路中的电流为 500 mA 时,采样电阻两端的电压为 0.125 V,这个电压值经差分放大电路放大后送至 J2 并送入控制板,当图 22-8 中 R2 和 R3 取值为 2.7 kΩ,其他按电路图的参数选取,电流为 500 mA 时,放大电路的输出为 4.63 V。

22.2.6 串联式稳压电路

图 22-9 所示是串联式稳压电路,这是该项目的核心。图中 U3B、U3C、U3D、VT1 和 VT2 及周边元器件构成放大、调整环节,R11 和 RP2 构成采样比较电路。如果 U3D 的同相输入端接的是一个基准电压,那么,通过调整 RP2 就能改变输出电压,这也就是教科书上经典的串联稳压电源电路。但这里并不通过手工调节电位器来调节电压,而是在 U3D 的同相输入端接一个"可变"基准电压。显然,只要改变这个电压值,输出电压也就随之改变。

基准电压通过 PWM 方式来产生,控制板产生的 PWM 控制信号通过 R6 接到电源板。图 22-10a 所示是占空比为 10% 的 PWM 波形,图 22-10b 所示是占空比为 80% 的 PWM 波

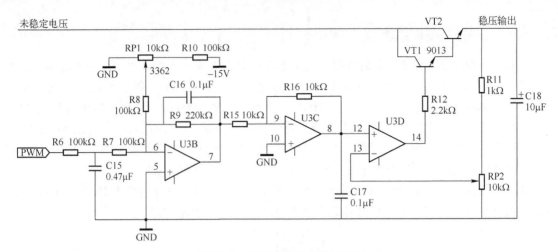

图 22-9 串联式稳压电路原理图

形,可以直观地比较两种占空比波形,其高电平部分占整个周期的比例有明显不同。更详细的数学计算如下。

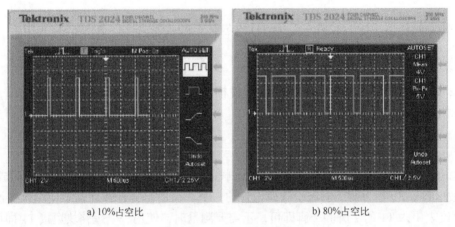

a) 10%占空比　　　　　b) 80%占空比

图 22-10 两种 PWM 波形

电阻 R6、R7 和电容 C15 构成滤波电路,将 PWM 波形变换成稳定的直流电压。其电压值为

$$V_o = (T_i/T) \times V_{ref}$$

式中,T_i/T 就是占空比,而这里的 V_{ref} 就是控制电路板的供电电压。

这个基准电压经过由 U3B 组成的反相比例放大器进行放大再由 U3C 反相,送到 U3D 的同相输入端作为稳压电源的基准电压。

22.2.7 控制电路图

图 22-11 所示是控制电路原理图,该电路与电源板之间通过 5 芯接线端子连接。5 芯接线端子包括供电电源(+5 V 及 GND)、电流检测信号、电压检测信号及 PWM 输出信号。

控制电路由 STC15W408AS 芯片作核心控制,板上包括 2 个 3 位共阳极 LED 数码管,分别用于显示电源的电压及电流值;3 个按键及 1 个 EC11 编码器,用于电源的各项设定。STC15W408AS

项目22 数控稳压电源的安装与调试

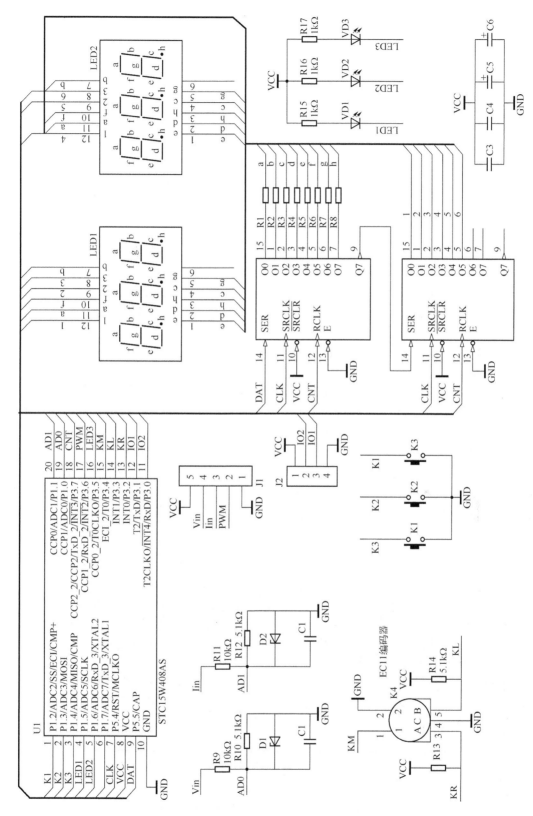

图22-11 控制电路原理图

芯片内置多路10位A/D转换器，这里使用其中的2路，分别用来检测电压及电流信号（电流信号经差动放大转换为电压形式输出）。两路输出均设置有分压及过电压保护电路，其中用于电流检测的输入端中的R12不用安装。

22.3 相关知识

22.3.1 电源机壳

图22-12所示是本电源使用塑料仪表机箱，尺寸为70 mm×160 mm×120 mm。

图22-12 塑料机壳

图22-13所示是该电源的面板结构图，图中虚线矩形框是控制电路板的大小。虚线框内的两个39 mm×18 mm矩形框为数码管透出孔，其右侧的3个φ3 mm孔是发光二极管透出孔。其右侧的φ8 mm孔用于安装EC11编码器，其下的3个φ6 mm孔用来透出3个轻触按键。

虚线矩形框下方的5个φ6 mm孔用于安装电源接线柱，其外的双点画线圆是电源接线柱的外形。从图中可以看出这个圆与双点画线矩形有一定距离，说明安装时这两个部件不会碰撞。如果没有这样的设计，很容易造成各部件之间的干涉。

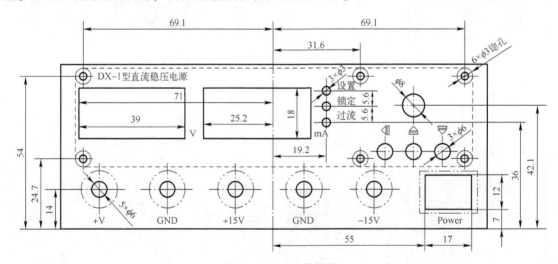

图22-13 面板结构图

注：图中"过流"是"过电流"的俗称，后面图22-14同理。

图22-14是DX-1型直流稳压电源的面板设计图,从外形设计的视角来说,应该先画这个图,然后再根据面板设计印制电路板。实际设计中当面板美观和印制电路板的尺寸及安装部件发生冲突时,需要更改设计方案或者做出权衡,特别是在效果、成本、工艺等方面综合考虑,才能获得最好的结果。

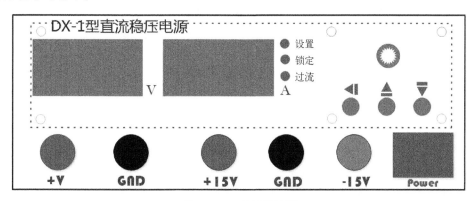

图22-14 面板设计图

22.3.2 香蕉接线端子及端子座

本项目中用于输出的接头使用4 mm孔香蕉插座。图22-15及图22-16所示是市场上常见的两种香蕉插座,而图22-17是与之配套的电源连接线,这种连接线一端是香蕉插头,另一端是鳄鱼夹。

图22-15 香蕉插座　　　　图22-16 JS-910B香蕉插座　　　　图22-17 香蕉插头电源线

22.3.3 螺丝胶

在电子制作时会遇到电子元器件品质的问题,香蕉插座及连接器类电子元器件同样如此,而且高质量的元器件是一般质量元器件价格的数十甚至数倍。经测试,市场常见的香蕉插头电性能基本能满足要求,但其机械精度却难以达标,最常见的问题是使用时螺母易松动,即使加入弹簧垫片或者使用双螺母固定的方案也很难维持长久。使用螺丝胶可以在一定程度上解决这一问题,螺丝胶又称螺丝固定剂或厌氧胶,主要用于电器、电子、航空机器、汽车工业。一般是锁好螺钉将它点在螺母上,让它慢慢固化。也可将胶涂在螺钉上,然后锁上去。这样效果会更好,但操作较为麻烦。正常点胶后约10 min,表面即不沾手,完全固化约需6~8 h。螺丝胶的种类很多,图22-18所示是几种常见的螺丝胶。

22.3.4 导热硅脂

本项目中用到散热片,将发热的电子元器件安装到散热片上时,适当地涂上散热硅脂有助

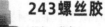

图 22-18 常见螺丝胶

于提高热传导效果，改善散热。

导热硅脂，又叫散热膏，是以特种硅油做基础油，以新型金属氧化物作填料，配以功能添加剂，经特定的工艺加工而成的膏状物，因材料不同而具有不同的外观。其具有良好的导热、耐温、绝缘性能，是耐热器件理想的介质材料，而且性能稳定，在使用中不会产生腐蚀气体，不会对所接触的金属产生影响。

图 22-19 所示是在计算机 CPU 上涂抹硅脂并准备安装散热片的情形，不论看起来多么平整的平面，如果放大来观察，都可以看到许多"坑坑洼洼"，如图 22-20 所示，当两块金属表面接触时，只有凸起的部分才会接触到，而凹下去的部分则被空气充满。空气是热的不良导体，因此将电子器件直接安装在散热器表面会影响到热传导。如果在散热器表面涂上薄薄的一层硅脂，让硅脂填充凹下去的部分，使得硅脂替代空气，这样就能改善热传导。硅脂虽有良好的导热性，但无论如何是比不上金属的，如果硅脂涂抹得太厚，阻隔了金属材料的直接接触，反而影响散热效果。

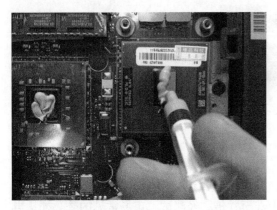
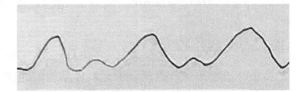

图 22-19 在 CPU 上涂抹硅脂　　　　图 22-20 平滑的金属表面放大后的情况

[项目实施]

22.4 元器件清单

22.4.1 电源板元器件列表

表 22-1 所示是数控稳压电源项目中电源板部分的元器件列表，这是指安装在印制电路板

上的元器件,实际制作中,还需要一个变压器,才能组装成完整的稳压电源。根据设计,这里选用10 W、双18 V输出的变压器。

表 22-1 数控稳压电源的电源板元器件

序号	标号	型号	数量	元器件封装的规格
1	RI-1~RI-4	1 Ω	4	0805
2	R1	4.7 kΩ	1	0805
3	R2,R3,R11,R14	1 kΩ	4	0805
4	R4	22 kΩ	1	0805
5	R5	1.5 kΩ	1	0805
6	R6~R8,R10	100 kΩ	4	0805
7	R9	220 kΩ	1	0805
8	R12,R13	2.2 kΩ	2	0805
9	R15,R16	10 kΩ	2	0805
10	C1,C4,C6,C8,C10,C12,C14,C16,C17	0.1 μF	9	0805
11	C2	1000 μF/35 V	1	CD11
12	C3	470 μF/35 V	1	CD11
13	C5,C9,C18	10 μF/35 V	3	CD11
14	C7	220 μF/35 V	1	CD11
15	C11	10 μF/35 V	1	贴片电解电容
16	C13	220 μF/16 V	1	贴片电解电容
17	C15	0.47 μF	1	0805
18	D1,D2	1N5408	2	DO-201AD(直插)
19	D3	1N5819	1	DO-41(直插)
20	D4	红色LED	1	3 mm直插式
21	BG1	2CW10	1	1 A小圆桥
22	VT1,VT3	2SC9013	2	TO-92
23	VT2	TIP41C	1	TO-220
24	U1	7815	1	TO-220
25	U2	7915	1	TO-220
26	U3	LM324	1	SOP-14
27	U4	LM2575-ADJ	1	TO-263
28	RP1	10 kΩ	1	3362微调电位器
29	RP2	10 kΩ	1	3296精密多圈电位器
30	L1	330 μH	1	CD54贴片电感
31	T1	2脚单排针	1	单排针剪取
32	J1、J4	JK128-5.0	2	3脚直针连接器
33	J2	XH2.54	1	5脚直针连接器
34	J3	JK128-5.0	1	2脚直针连接器
35		PCB	1	定制

22.4.2 控制板元器件列表

如表 22-2 所示是数控稳压电源的控制板元器件列表。

表 22-2 控制板元器件

序 号	标 号	型 号	数 量	元器件封装的规格
1	R1~R8	100 Ω	8	0805
2	R9，R11	10 kΩ	2	0805
3	R10，R12，R13，R14	5.1 kΩ	4	0805
4	R15，R16，R17	1 kΩ	3	0805
5	C1~C4	0.1 μF	4	0805
6	C5~C6	10 μF	2	贴片电解电容
7	D1，D2	5.1 V 稳压管	2	DO-35（直插）
8	VD1~VD3	LED	3	3 mm 红色（直插）
9	DISP1，DISP2	LG5631BH	2	0.56 共阳极 3 位数码管
10	U1	STC15W408AS	1	SOP-20
11	U2，U3	74HC595	2	SOP-16
12	K1~K3	轻触按钮	3	6 mm×6 mm，柄高 12 mm
13	K4	EC11	1	编码开关
14	J1	XH2.54	1	5 脚直针连接器
15	J2	4 脚单排针	1	单排针剪取
16		PCB	1	定制

22.5 印制电路板识读

22.5.1 认识电源电路板

图 22-21 所示是数控稳压电源的电源板印制电路板图，图 22-22 所示是电路板的 3D 视图。对照表 22-1 及印制电路板图清点元器件。

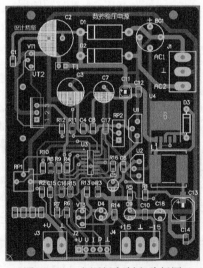

图 22-21 电源板印制电路板图

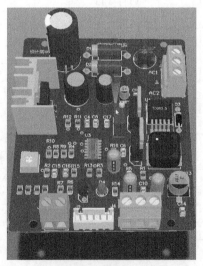

图 22-22 电路板 3D 视图

22.5.2 认识控制电路板

图 22-23 所示是控制电路板的印制电路板图，图 22-24 所示是控制电路板元器件面的 3D 视图，图 22-25 所示是控制电路板焊接面的 3D 视图。从这两个 3D 视图可以看到数码管、LED、按键及编码器的安装方式。对照表 22-2 及图 22-24 和图 22-25 清点元器件。

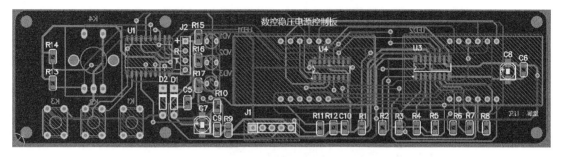

图 22-23 控制电路板印制电路板图

图 22-24 控制电路板元器件面的 3D 视图

图 22-25 控制电路板焊接面的 3D 视图

22.6 电路安装

22.6.1 电源板安装

电源板安装的顺序为：贴片电阻→贴片电容→贴片集成电路→RP1（3362 电位器）→U4（LM2575）→贴片电感→整流桥（BG1）→贴片电解电容→D1 及 D2 整流二极管→电解电容（由小到大）→RP2（3296 电位器）→VT1 晶体管→U1、U2 集成电路（7815 及 7915）→端子→VT2（带散热器）。

如图 22-26 所示是电源板实物图。

图 22-26　电源板实物图

22.6.2　控制板安装

图 22-27 所示是控制板的元器件面实物图，图 22-28 是控制板焊接面的实物图。

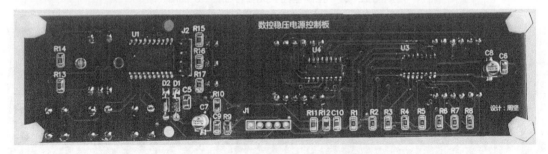

图 22-27　控制板元器件面实物图

图 22-28　控制板焊接面实物图

如图 22-29 所示是控制板装入面板之后的效果，经实际安装，当编码器贴底安装、数码管也贴底安装时，电路板的高度恰好合适。安装好后，编码器顶端贴住面板的反面，在正面可以紧固编码器。此时数码管恰与面板表面持平，面板上的发光二极管 VD1~VD3 暂不安装，可在控制板装入面板并且拧上螺钉后再固定发光二极管并确保其高度后焊接好。

图 22-29　数控稳压电源面板

22.7　电路调试

控制面板焊接好以后可以为其接入 5 V 电源，如果数码管能够点亮，说明电路板功能正常，可以使用按钮、编码器进行电路的设置操作。

电源板接入双 18 V 交流输出电源后，使用万用表测量整流电容 C2 两端电压，该电压值应在 18~24 V，这个值的区间范围很大，是因为各地交流电的供电电压变化较大，按标准在 198~242 V 之间变化都是正常的，相应的变压器的二次交流电压变化也较大；此外，不同企业生产的变压器执行的标准也有区别，按常规在二次侧空载时会增加约 10% 的输出。综合各因素，一个标称为双 18 V 输出的变压器有可能在其二次侧测得 20 V 或更高的输出电压。这个电压经整流后的直流电压变化也较大，并且随着负载的变动有较大的变化，因此，这里仅能给出一个大致的范围。

C3 与 C7 两端的电压应与 C1 两端电压基本相同，随后分别测量 7815 和 7915 稳压电路的输出，即端子 J4 的 ±15 V 输出，如果 J4 端子的电压输出正常，那么该部分电路工作正常。检测 5 V 稳压电源的工作是否正常，如果正常，端子 J2 左侧端子上应有 5 V 电压。只有 5 V 电压正常，才能将主板与控制板连接起来调整。

使用连接线连接电源板与控制面板，长按 K1 进入初始调试状态，此时 LED2 数码管显示"SSS"。使用示波器测试 J2 的 4 脚，可以看到占空比为 5% 的矩形波。使用万用表电压档（2 V 档）测量 U3 的 8 脚的电压，调节 RP1 使 8 脚输出为 0 V，将万用表切换至 200 mV 档，更精细地调节 RP1，使 8 脚输出为 0 V。长按 K2，退出初始状态，通过编码开关调整输出电压为 3 V，使用万用表测量 J3 端子输出端，如果输出端不是 3 V，则可以调节 RP2 使其值为 3 V。通常调整到这一步骤后调试即可结束，其后可以做该电源性能的测试。

调节电源的输出为 5 V，然后为该电源接入 100 Ω/5 W、300 Ω/5 W 等功率负载，测试接入/不接入负载后电压值的变化，计算电源的稳压性能。

[项目拓展] 探究电源输出电流

本电源的输出电压设计为 3~15 V，但是对其输出电流的能力并没有做出说明。电源的电流输出能力与许多因素有关，包括：变压器功率、电解电容规格、调整管的集电极允许电流等。本设计中使用的调整管为 TIP41C，其集电极允许电流为 6 A，理论上该电源的最大输出电流可以达到 6 A，但实际上电流输出远远达不到这么大，因为 6 A 电流是在规定的散热条件下的理论值，影响电流的还有该晶体管的集电极允许功耗及结（集电结）温。当电流通过晶体管时，晶体管发热，温度不断上升，当温度超过最高允许结温（150℃）时，晶体管将损坏。当输出电压最低时，调整管上两端电压最大，此时功耗也最高。请通过查找资料、实测温升等方法确定在当前所选用的散热器的情况下的最大输出电流。

[项目评价]

项 目	配 分	评分标准	扣 分	得 分
焊接工艺	30	① 虚焊、漏焊、碰焊、焊盘脱落，每处扣 2 分，最多扣 10 分； ② 焊点表面粗糙、不光滑，有拉尖、毛刺、堆焊、焊点布局不均匀、夹渣，每处扣 1 分，最多扣 10 分； ③ 同类焊点大小明显不均匀，总体扣 3 分； ④ 表面不清洁，有大块焊剂或焊料残留，总体扣 3 分； ⑤ 焊接后的元器件引脚剪切不合理（过短、过长或长短不一），总体扣 2 分		
安装工艺	30	① 元器件标志方向、插装高度不符合工艺要求，每件扣 1 分，最多扣 5 分； ② 元器件引脚成形不符合工艺要求，每件扣 1 分，最多扣 5 分； ③ 元器件插装位置不符合要求，每件扣 2 分，最多扣 8 分； ④ 损坏元器件，每件扣 2 分，最多扣 10 分； ⑤ 整体排列不整齐，总体扣 2 分		
功能调试	30	① 无法实现稳压功能，扣 5 分； ② 无法实现±15 V 输出功能，扣 5 分； ③ 无法实现显示功能，扣 5 分； ④ 无法调节电压值，扣 5 分； ⑤ 无法实现电流检测功能，扣 5 分； ⑥ 无法实现限流功能，扣 5 分		
安全文明操作	10	① 工作台上工具摆放不整齐，扣 1 分； ② 未按要求统一着装，仪容仪表不规范，扣 1 分； ③ 未能严格遵守安全操作规程，造成仪器设备损坏，扣 5~8 分		
总分	100			

项目 23　音乐蜡烛的安装与调试

[项目引入]

如图 23-1 所示是生日蛋糕中常见的音乐蜡烛，点燃蜡烛，烛光点亮，然后有美妙的音乐从蜡烛中传来，用嘴一吹，烛光熄灭，声音也没有了，扫描二维码 23-1 观看这一过程的视频。电子音乐蜡烛的工作过程与此类似，都是打火机点燃蜡烛，用嘴吹灭蜡烛，下面就来看一看这个蜡烛是怎么制作的。

二维码 23-1
音乐蜡烛

图 23-1　生活中的音乐蜡烛

[项目学习]

23.1　基础知识

23.1.1　认识音乐集成电路

音乐集成电路是一种大规模的 CMOS 集成电路，使用音乐集成电路，通过简单的外接电路即可获得简单的乐曲、语音或各种模拟的声响。音乐集成电路价格便宜，电路结构简单，工作稳定可靠，耗电低，所以用途广泛，在音乐门铃、音乐贺年卡、音乐报时钟、电话振铃电路中都可见它的踪影。

音乐集成电路工作原理框图如图 23-2 所示。振荡电路产生的信号供各个电路使用；控制电路从存储器中读出代码，根据代码来控制节拍器和音调器协调工作，产生相应的音乐输出。音乐集成电路一般采用"软封装"，如图 23-3 所示。也有的使用双列直插和单列直插封装，还有的做成晶体管外形，叫作"音乐晶体管"。工作电压一般用 1.5~4.5 V 直流电源。

输出常用压电陶瓷片作为电-声转换器件；也常用晶体管进行放大后送到扬声器放音，音质更好。由于音乐集成电路价格低、功能强、制作简单，因此格外受到电子爱好者的欢迎。

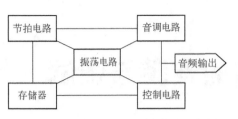

图 23-2　音乐集成电路的工作原理框图

图 23-3　各种音乐集成电路的外形

23.1.2　认识 LM386 集成功放

LM386 是功率放大器，它的内部增益为 200，当第 1 脚和第 8 脚悬空时，增益为 20。通过在第 1 脚与第 8 脚之间电阻和电容的搭配，可以调整增益。当 1 脚与 8 脚接入 10 μF 电容时，增益可达 200。LM386 可使用电池作为电源，电压范围是 4～12 V，无信号输入时仅消耗 4 mA 电流，且失真低。如图 23-4 所示是双列直插 LM386 的外形图，如图 23-5 是 LM386 的引脚图。

图 23-4　双列直插 LM386 的外形

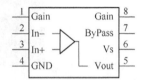

图 23-5　LM386 功放的引脚图

23.2　原理分析

音乐蜡烛由温控电路（蜡烛点亮功能）、声控电路（蜡烛吹灭功能）、逻辑控制、音源、功放电路、灯光电路等部分组成，其工作框图如图 23-6 所示。

图 23-6　音乐蜡烛工作框图

图 23-7 所示是音乐蜡烛的完整电路图。

23.2.1　温度检测电路

点亮蜡烛是使用温度检测电路，如图 23-8 所示，这是一个用运算放大器制作的比较器，电阻 R1 和 R2 接成分压电路，接入运放的反相输入端（2 脚），使运放的反相输入端的电压为 1/2VCC。根据运放的特性可知，如果运放的正相输入端（3 脚）的电压高于 1/2VCC，那么输出

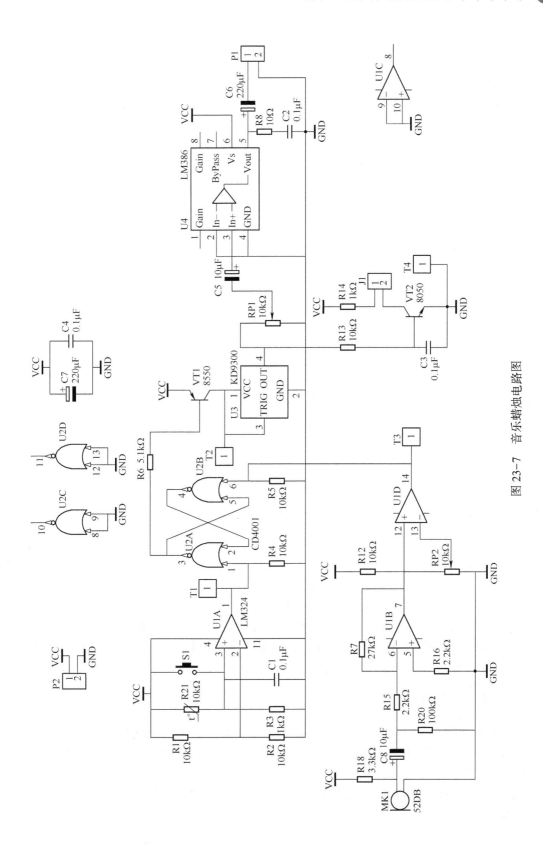

图 23-7 音乐蜡烛电路图

端（1 脚）将输出高电平；如果 3 脚的电压低于 1/2VCC，那么 1 脚输出低电平。运放的正相输入端由电阻 R3 和热敏电阻 Rt（标号 R21）构成分压电路，在 20℃时，Rt 的阻值约为 10kΩ，而 R3 的阻值是 6.8kΩ，因此 R3 两端电压较低，低于 1/2VCC，运放的 1 脚输出低电平。

23.2.2 逻辑控制电路

逻辑控制电路如图 23-9 所示。这是一个使用或非门构成的 RS 触发器。或非门的特征是"有 1 为 0，全 0 为 1"，VT1 是 PNP 型晶体管，当 U2A 的输出端为高电平时，由于晶体管基极为高电位，因此，VT1 不导通，音乐集成电路 U3 不得电，没有声音信号输出。

当用打火机"点蜡烛"时，实际上是加热热敏电阻 Rt，该电阻的阻值迅速下降，电阻 R3 两端的电压升高，当电压升高到 1/2VCC 以上时，U1A 输出高电平，这个高电平加在 U2A 的 1 脚上，U2A 由于"有 1 为 0"，因此其输出变为低电平，VT1 导通，U3 得电。U3 是音乐集成电路，将其触发端与电源端相连，只要得电，就产生声音信号。

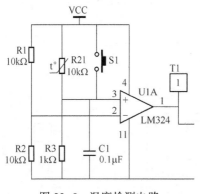 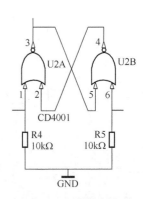

图 23-8　温度检测电路　　　　图 23-9　逻辑控制电路

23.2.3 音源电路

音源使用"生日快乐"音乐集成电路来产生音乐信号，该电路的电源引脚通过晶体管 VT1 接入 VCC，如图 23-10 所示。VT1 相当于一个开关，当这个开关合上时，音乐集成电路得电工作，送出音乐信号，而当 VT1 打开时，音乐集成电路失电，没有信号送出。VT1 是一个 PNP 型晶体管，按图示电路接法，当 VT1 的基极接入低电平时，VT1 导通（开关闭合）；接入高电平时，VT1 截止（开关打开）。

23.2.4 灯光显示电路

灯光电路如图 23-11 所示，图中电阻 R13 接到 U3 的输出端，当 U3 有声音信号时，这一声音信号通过 VT2 的放大驱动发光二极管点亮，用以模拟烛光。图中 C3 起到一定的滤波作用，当该电容容量较大时，只要音乐集成电路有信号输出，灯光就稳定点亮；当 C3 容量较小时，灯光的亮度会随音乐声的大小变化而变化，从而产生一定的"烛光摇曳"效果。

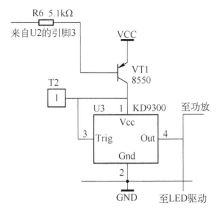

图 23-10 音源电路

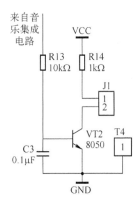

图 23-11 灯光显示电路

23.2.5 功放电路

音乐集成电路输出的信号不能直接驱动扬声器，需要功率放大。功放部分如图 23-12 所示，它使用 LM386 功放，电路非常简洁，外围器件只有 2 个电解电容、一个电阻和一个电容。

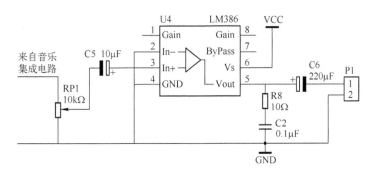

图 23-12 功放电路

由于音乐集成电路的输出信号很强，因此，必须分压后才能送入功放，否则会产生饱和失真，声音很难听。RP1 是电位器，对音乐集成电路的输出信号分压。音乐集成电路的输出信号被放大后，通过接线端子 P1 上外接的扬声器发出声音。需要说明的是，如果不用这个功放，直接在音乐集成电路上接上一个晶体管也能工作，但实测放音时使用图示电路所耗电流约是采用晶体管接法的 1/10，因此，在体积等条件允许的情况下使用功放电路较合适。

23.2.6 声控电路

吹灭蜡烛使用声控电路，如图 23-13 所示，MK1 是驻极体传声器，电阻 R18 作为 MK1 的偏置电阻，声音信号经过 C8 耦合到由 U1B 为核心器件构成的反相放大器放大。放大后的信号加到 U1D 构成的比较器同相输入端，U1D 的反相输入端接到电位器的滑动端，调节电位器，可以改变反相输入端的电平高、低，因此，RP2 可以用来调整吹蜡烛时的灵敏度。

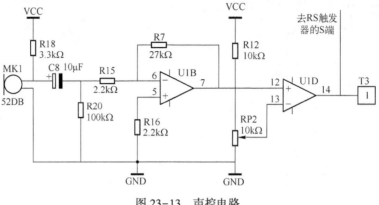

图 23-13　声控电路

23.3　关联知识

23.3.1　了解数据手册

数据手册英文名为 DataSheet，是了解电子器件的一个途径。通常数据手册都是由电子器件生产企业编制，是最原始也是最权威的数据来源。

由于同一个元器件可能会有多个生产企业，因此同一个元器件可能会有不同的数据手册，在目前的学习阶段，通常认为这些数据手册大同小异，不论是哪一个都可以使用。

以 LM386 芯片为例，其数据手册如图 23-14 所示。

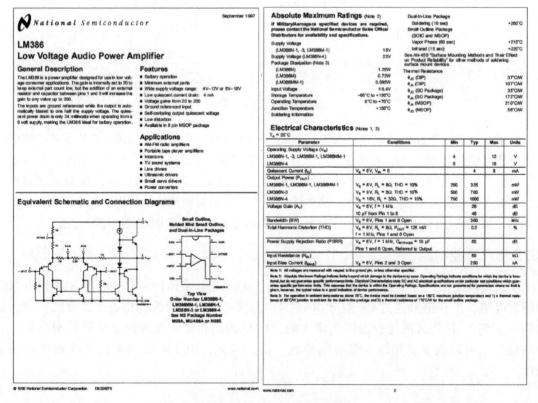

图 23-14　LM386 的数据手册

通常阅读数据手册时,最为关心的是电子器件的引脚分布图以及一些特定的参数,如图 23-15 是截取的 LM386 数据手册的一部分,它展示的是其参数列表。根据已学过的知识不难得到其工作电压范围、工作电流、不同工况下的输出功率、电压增益等参数。虽然数据手册看起来很复杂,但只要能找到自己需要的内容即可,并不需要全部阅读。

Electrical Characteristics (Notes 1, 2)
$T_A = 25℃$

Parameter	Conditions	Min	Typ	Max	Units
Operating Supply Voltage (V_S)					
LM386N-1, -3, LM386M-1, LM386MM-1		4		12	V
LM386N-4		5		18	V
Quiescent Current (I_Q)	V_S = 6V, V_{IN} = 0		4	8	mA
Output Power (P_{OUT})					
LM386N-1, LM386M-1, LM386MM-1	V_S = 6V, R_L = 8Ω, THD = 10%	250	325		mW
LM386N-3	V_S = 9V, R_L = 8Ω, THD = 10%	500	700		mW
LM386N-4	V_S = 16V, R_L = 32Ω, THD = 10%	700	1000		mW
Voltage Gain (A_V)	V_S = 6V, f = 1 kHz		26		dB
	10 μF from Pin 1 to 8		46		dB
Bandwidth (BW)	V_S = 6V, Pins 1 and 8 Open		300		kHz
Total Harmonic Distortion (THD)	V_S = 6V, R_L = 8Ω, P_{OUT} = 125 mW		0.2		%
	f = 1 kHz, Pins 1 and 8 Open				
Power Supply Rejection Ration (PSRR)	V_S = 6V, f = 1 kHz, C_{BYPASS} = 10 μF		50		dB
	Pins 1 and 8 Open, Referred to Output				
Input Resistance (R_{IN})			50		kΩ
Input Bias Current (I_{BIAS})	V_S = 6V, Pins = 2 and 3 Open		250		nA

图 23-15　数据手册中的参数列表

一些元器件的数据手册中有典型应用电路,通常可以认定数据手册所公布的典型应用电路肯定是正确的,如果使用一个新型的器件但没有把握,可以按数据手册上的典型电路来搭建和尝试,以便掌握器件更多的特性。如图 23-16 所示是 LM386 数据手册中提供的放大倍数分别是 20 和 200 的电路连接方法。

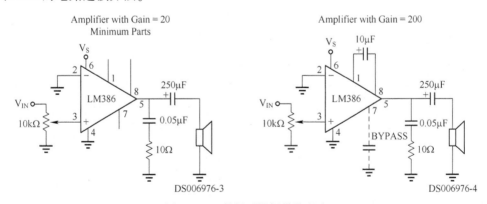

图 23-16　数据手册提供的电路

如果确切地知道元器件的生产企业,可以直接登录该企业的官方网站查找数据手册;如果企业官网难找,还可以通过搜索引擎来查找所需元器件的数据手册。

23.3.2 认识独石电容

电子产品中经常用到独石电容器（电容器可简称为"电容"）,独石电容是多层陶瓷电容的别称,简称 MLCC。简单的平行板电容的基本结构是由一个绝缘的中间介质层外加两个导电的金属电极组成,而多层片式陶瓷电容是一个多层叠合的结构,简单地说它是多个平行板电容的并联体。独石电容且具有容量大、体积小、可靠性高、电容量稳定、耐高温、绝缘性好、成本低等优点,因而得到广泛的应用。独石电容不仅可替代云母电容和纸介电容,还取代了某些钽电容,广泛应用在小型和超小型电子设备（如液晶手表和微型仪器）中。

[项目实施]

23.4 元器件清单

如表 23-1 所示是音乐蜡烛元器件清单列表,其中包含了直插版和贴片版两个版本所用的元器件,请注意区分。

表 23-1 音乐蜡烛元器件

序号	标号	型号/产品名称	数量	元器件封装的规格	
				直插版	贴片版
1	R1, R2, R4, R5, R12, R13	10 kΩ	6	RJ-0.25 W（AXIAL0.4）	0805
2	R3, R14	1 kΩ	2	RJ-0.25 W（AXIAL0.4）	0805
3	R6	5.1 kΩ	1	RJ-0.25 W（AXIAL0.4）	0805
4	R7	27 kΩ	1	RJ-0.25 W（AXIAL0.4）	0805
5	R8	10 Ω	1	RJ-0.25 W（AXIAL0.4）	0805
6	R15, R16	2.2 kΩ	2	RJ-0.25 W（AXIAL0.4）	0805
7	R18	3.3 kΩ	1	RJ-0.25 W（AXIAL0.4）	0805
8	R20	100 kΩ	1	RJ-0.25 W（AXIAL0.4）	0805
9	R21	10 kΩ	1	NTC	NTC
10	RP1, RP2	10 kΩ	2	3362 微调电位器	
11	C1~C4	0.1 μF	4	MLCC	0805
12	C5, C8	10 μF/25 V	2	CD11	贴片电解电容
13	C6, C7	220 μF/25 V	2	CD11	贴片电解电容
14	VT1	8550	1	TO-92	SOT-23（2TY）
15	VT2	8050	1	TO-92	SOT-23（J3Y）
16	U1	LM324	1	DIP-14（配座）	SOP-14
17	U2	CD4001	1	DIP-14（配座）	SOP-14
18	U3	KD9300	1	软封装	
19	U4	LM386	1	DIP-8（配插座）	SOP-8

(续)

序号	标号	型号/产品名称	数量	元器件封装的规格	
				直插版	贴片版
20	P1, P2	JK128-5.0	2	2脚直针连接器	
21	J1	红色LED	1	3 mm直插式	
22	MK1	52DB	1	带针驻极体传声器	
23	T1~T4	测试端	4	单排针剪取	
24	S1	轻触按钮	1	6 mm×6 mm,柄高9 mm	
25		扬声器	1	0.5 W	
26		PCB	1	定制	定制

23.5 印制电路板识读

本项目有两个版本,一个是使用直插件的版本,另一个是使用贴片元器件的版本,下面分别展示。

23.5.1 直插版识读

对照图23-17所示直插版印制电路板、图23-18所示直插版的3D视图及元器件列表,认真识别每一个元器件。

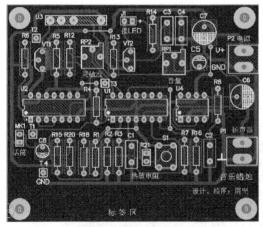

图23-17 直插版印制电路板

图23-18 直插版印制电路板3D视图

23.5.2 贴片版识读

对照图23-19所示贴片版印制电路板、图23-20所示贴片版的3D视图及元器件列表,识别每一个元器件。

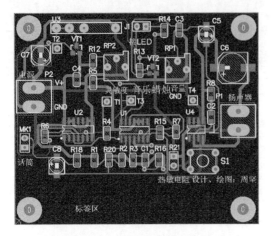 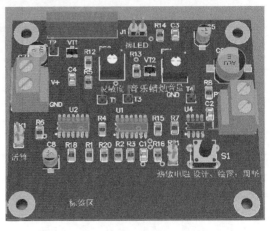

图 23-19　贴片版印制电路板　　　　图 23-20　贴片版印制电路板 3D 视图

23.6　电路安装

23.6.1　直插版安装

在印制电路板上找到相对应元器件的位置，根据孔距、电路和装配方式的特点，将元器件引脚成形，进行元器件插装，插装的顺序为：先低后高、先小后大、先里后外、先轻后重、先卧后立，前面工序不影响后面的工序，并且要注意前后工序的衔接。本制作中安装参考顺序为电阻→集成电路（插座）→3362 电位器→磁片（独石）电容→晶体管→发光二极管→热敏电阻→传声器→按钮→电解电容→接线端子。

插件装配应美观、均匀、端正、整齐、高低有序、不能倾斜。所有元器件的引线与导线均采用直脚焊，在焊面上剪脚留头大约 1 mm，焊点要求圆滑、无虚焊、无毛刺、无漏焊、无搭锡。如图 23-21 所示是安装好的直插版音乐蜡烛实物图。

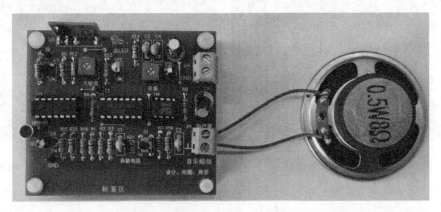

图 23-21　直插版音乐蜡烛实物图

23.6.2　贴片版安装

安装贴片版印制电路板时，一般通过焊接一个引脚的方法来固定贴片元器件。先在板上对元器件中的一个焊盘镀锡,然后左手拿镊子夹持元器件放到安装位置,右手拿电烙铁靠近已镀锡焊盘熔化焊锡,将该引脚焊好。按此方法将所有贴片元器件焊好,其中多引脚元器件(贴片集成电路等)可以多焊几个引脚,检查所有元器件,确定没有歪斜,然后焊好其他引脚。

23.7 电路调试

23.7.1 直插版调试

将稳压电源调整到 4.5 V 或使用 3 节电池给电路板供电,通电后,先检测三个集成电路插座上的电源部分是否正常。

一切正常后,断开电源,插上 U4 即 LM386 集成电路,J1 接上扬声器。打开信号发生器,输出 1 kHz、100 mV 正弦信号,接入电位器 RP1 的 1 脚,应该能听到扬声器发出的 1000 Hz 音频声,调节 RP1,音量能够发生变化,说明功放部分工作正常。如果没有信号发生器,也可用螺钉旋具轻轻碰触 RP1 的 1 脚,扬声器发出"咔嗒"的声音,听到这样的声音,也可以说明功放部分工作正常。

功放部分工作正常以后,调试音源部分。将 VT1 的 c、e 引脚短接(可以将万用表调整到 500 mA 档,用万用表的红、黑表笔分别接 VT1 的 c 和 e 引脚,同时注意观察表针,如有较大偏转,应迅速断开表笔),相当于直接给音乐集成电路供电,扬声器中应该有音乐声;如果没有音乐声,可检查 U3 及相关电路。这部分工作正常后,将 U2 的 3 脚与地短接,相当于将 VT1 的基极通过电阻接地,VT1 应导通,如果听到音乐声,说明 VT1 相关电路工作正常,否则检查 VT1 及相关电路。

音源发生器正常后,将发光二极管接入 J1,然后将 U2 的 3 脚与地短接以开启音源,在扬声器发声的同时,LED 发光,说明 VT2 及相关电路工作正常。适当调整 R13 和 C3,可以改变输出信号的平滑程度,造成一定的"烛光"闪烁效果。

插上 U2 即 CD4011 芯片,接通电源,用万用表电压档测量第 1 脚和第 6 脚,应该都是低电平,3 脚是高电平。将 1 脚与 VCC 短接,3 脚应该变为低电平,有音乐声发出;松开万用表的表笔,3 脚仍维持低电平不变,音乐声不断;将第 6 脚与 VCC 短接,3 脚变为高电平,音乐声消失。如果测试如上所述,说明逻辑控制部分电路工作正常。

最后,插入 U1 即 LM324 运放电路,测 U1 的 2 脚,应为 1/2VCC,在采用 4.5 V 供电时为 2.25 V 左右,调节 RP2,使 U2 的 13 脚对地电压为 2 V 左右。此时,测 U1 的 1 脚为高电平,14 脚为高电平。

学生制作时通常将热敏电阻 Rt 直接焊在印制电路板上,用电烙铁接近 Rt 进行加热,同时用万用表的 10 V 电压档测量 U1 的第 3 脚的对地电压,可以观察到 U1 第 3 脚对地电压在不断下降,当其降落到 1/2VCC 以下时,音乐响起,移去电烙铁,U1 第 3 脚对地电压慢慢上升,当其超过 1/2VCC 时,音乐声仍不停止。如果用电烙铁加热热敏电阻,U1 第 3 脚电压不发生变化,应检查热敏电阻的性能是否完好;如果 U1 第 3 脚的电压超过了 1/2VCC,仍没有音乐声,应检查此时 U1 的 1 脚是否由高电平变到了低电平,如果没有发生变化,应检查 1 脚是否对 VCC 短路。

将万用表的红表笔移到 U1 的第 7 脚,用嘴对传声器吹一下,可以观察到表针晃了一下,同时,音乐声停止。如果没有观察到表针的晃动现象,应检查驻极体传声器是否工作正常,可测量传声器两端电压,本电路对参数要求不严格,测到的电压在 1~4 V 之间,都可以认为是正常的,如果电压过低或过高,可以适当调整 R18 阻值的大小。

23.7.2 贴片版调试

贴片版调试的方法与直插版相似,但是由于贴片版上的所有元器件(包括集成电路)已焊接在电路板上,因此并不能通过先检查电路供电电源是否正常然后再接入集成电路的方法来防止集成电路损坏,只能认真地工作来保证电路安装正确、电源供给正确。

[项目拓展] 探究点蜡烛方式

本项目使用打火机点燃蜡烛是用的热敏电阻作为传感器,除此之外还能用什么传感器?查资料来研究一下这个问题。

[项目评价]

项 目	配 分	评 分 标 准	扣 分	得 分
焊接工艺	30	① 虚焊、漏焊、碰焊、焊盘脱落,每处扣 2 分,最多扣 10 分; ② 焊点表面粗糙、不光滑,有拉尖、毛刺、堆焊、焊点布局不均匀、夹渣,每处扣 1 分,最多扣 10 分; ③ 同类焊点大小明显不均匀,总体扣 3 分; ④ 表面不清洁,有大块焊剂或焊料残留,总体扣 3 分; ⑤ 焊接后的元器件引脚剪切不合理(过短、过长或长短不一),总体扣 2 分		
安装工艺	30	① 元器件标志方向、插装高度不符合工艺要求,每件扣 1 分,最多扣 5 分; ② 元器件引脚成形不符合工艺要求,每件扣 1 分,最多扣 5 分; ③ 元器件插装位置不符合要求,每件扣 2 分,最多扣 8 分; ④ 损坏元器件,每件扣 2 分,最多扣 10 分; ⑤ 整体排列不整齐,总体扣 2 分		
功能调试	30	① 无法点亮蜡烛,扣 15 分; ② 无法吹灭蜡烛,扣 15 分		
安全文明操作	10	① 工作台上工具摆放不整齐,扣 1 分; ② 未按要求统一着装,仪容仪表不规范,扣 1 分; ③ 未能严格遵守安全操作规程,造成仪器设备损坏,扣 5~8 分		
总分	100			

项目 24　电子声光报警器电路的安装与调试

[项目引入]

在工业设备上或施工现场经常可以看到闪烁着红、蓝光的报警器,如图 24-1 所示。这些报警器中大多由一台电动机带动反光镜旋转从而实现灯光的闪烁。下面来做一个用电子方式实现灯光旋转的电子声光报警器。这个报警器自带了触摸报警功能,也可以通过接口电路在其他信号的触发下实现报警功能。

二维码 24-1
声光报警器

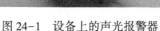

图 24-1　设备上的声光报警器

[项目学习]

24.1　基础知识

24.1.1　认识触摸集成电路

UTouch_01B 是一款单通道单按键电容式触摸及接近感应开关 IC,其用途是替代传统的机械型开关。该集成电路采用 CMOS 工艺制造,结构简单,性能稳定。

工作电压为 2.0~5.5 V;最高功耗下的电流:11.5 μA,低功耗模式下的电流:1.5 μA(电流均指在 3 V,且无负载时);可通过外部配置引脚设置为多种模式;具有高可靠性,芯片内置去抖动电路,可有效防止外部噪声干扰而导致的误动作;可用于玻璃、陶瓷、塑料等介质表面。

UTouch_01B 采用 SOT23-6 封装,其引脚及外形如图 24-2 所示。

该芯片的引脚功能见表 24-1。

表 24-1　UTouch_01B 引脚功能

引脚编号	引脚名称	引脚功能
1	OUT	CMOS 输出
2	GND	电源地
3	TCH	触摸板输入
4	AHLB	输出高/低有效模式选择
5	VCC	正电源
6	TOG	保持/同步模式选择

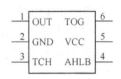

图 24-2　UTouch_01B 的封装图及引脚图

24.1.2　认识音乐晶体管

音乐晶体管就是用 TO-92 封装的音乐集成电路，这种封装方式比传统的 COB 封装手工焊点少，批量制作时可直接浸焊，省时省事省力。

如图 24-3a 所示是音乐晶体管的应用电路及外形图。图中 XC64 是音乐晶体管，它的外形及引脚功能如图 24-3b 所示。

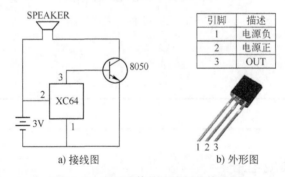

a) 接线图　　　　b) 外形图

图 24-3　音乐晶体管接线图及外形图

常见的 TO-92 封装音乐晶体管型号见表 24-2。

表 24-2　常用音乐晶体管型号特征

类别	曲目	型号	封装	脚位
报警类	110 报警	XC110	TO-92	负、输出、正
	119 报警	XC119		
音乐类	致爱丽丝	BJ1552		负、正、输出
	生日快乐	BJ1562		
	电话铃声	XC64D		

24.1.3 认识 CD4022 集成电路

CD4022 是 4 位 Johnson 计数器，其引脚如图 24-4 所示，其逻辑表见表 24-3 所示。该芯片有 8 个译码器输出端 Q0~Q7，CLK、$\overline{CE}$、R 是输入端，时钟输入端（CLK 端）内置施密特触发器电路，具有脉冲整形功能。当 CE 为低电平时，计数器在 CLK 的上升沿计数；若 CLK 为高电平，则在 CE 的下降沿计数。R 为高电平时，计数器清零。

CD4022 的工作条件：

电源电压范围 VDD：3~15 V。

引脚输入电压范围：0~VDD。

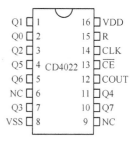

图 24-4　CD4022 引脚图

表 24-3　CD4022 逻辑表

输　入			输　出	COUT 状态
CLK	$\overline{CE}$	R	Q0~Q7	
×	×	H	Y0	
↑	L	L	计数	
H	↓	L		第 8 个计数脉冲到来时，COUT 由低电平转高电平
L	×	L	保持	
×	H	L		
↓	×	L		
×	↑	L		

说明： 约翰逊（Johnson）计数器又称扭环计数器，是一种用 n 位触发器来表示 $2n$ 个状态的计数器。它与环形计数器不同，后者用 n 位触发器仅可表示 n 个状态。n 位进制计数器（n 为触发器的个数）有 2^n 个状态。若以 4 位二进制计数器为例，它可表示 16 个状态。但由于 8421 码每组代码之间可能有 2 位或 2 位以上的二进制代码发生改变，这在计数器中特别是异步计数器中就有可能产生错误的译码信号，从而造成永久性的错误。而约翰逊计数器的状态表中，相邻两组代码只可能有 1 位二进制代码不同，故在计数过程中不会产生错误的译码信号。

24.2　原理分析

如图 24-5 所示是完整的电子声光报警器电路原理图。

24.2.1　触摸控制电路

UTouch_01B 组成触摸控制电路，VCC 供电电压为 6 V，而 UTouch_01B 的工作电压为 2~5.5 V，因此要将电压降低一些才能为电路供电，否则将烧毁芯片，VD1 作为降压用，C3 用来给电源滤波，保持供电稳定。JP1 用来选择保持或者同步模式，所谓保持，是指一旦触发后就会保持原来的状态，而同步是指输出与触发的动作保持一致。从操作上来看，如果选择保持工作状态，那么当触摸使得输出状态发生变化时，移去手指，输出状态不会变化，直到再次触摸时，输出状态才发生变化，这类似于"有自锁功能的按键开关"。而同步状态是当手触摸时，输

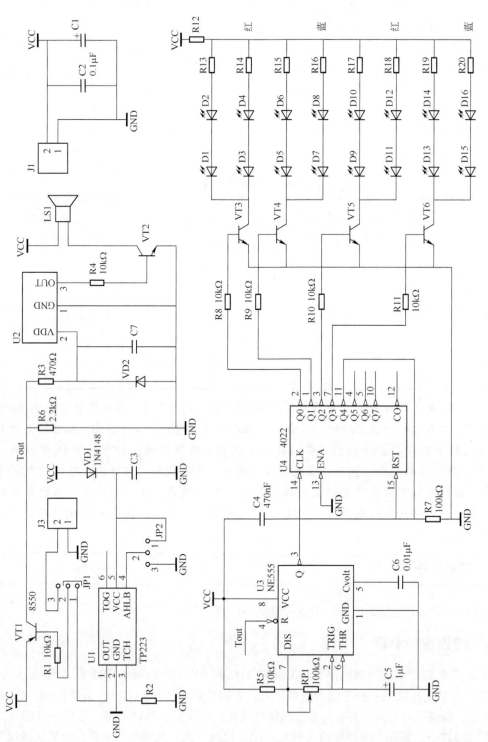

图 24-5 电子声光报警器原理图

出状态发生变化，手移开时，输出状态立即发生变化，这类似于"无自锁功能的按键开关"。JP2 用于选择输出有效时为高电平还是低电平。VT1 用作开关，当 OUT 输出低电平时，VT1 导通，标号 Tout 的引线为高电平且具有一定的供电能力；当 OUT 输出为高电平时，VT1 闭合，Tout 引线为低电平。

24.2.2 NE555 受控振荡电路

U3 是 NE555 芯片，该芯片及其外围部件组成受控制振荡电路，当 Tout 为高电平时，电路起振，其 3 脚输出脉冲信号，RP1 用来调整振荡频率。

24.2.3 CD4022 计数电路

脉冲信号从 CD4022 的 14 脚输入，C4 与 R7 组成开机复位电路；计数器输出端 Q4 连接到 RST 引脚上，当计数器的 Q4 输出高电平时，CD4022 复位，计数重新开始。

CD4022 的 Q0~Q3 共 4 个输出端分别接 VT3~VT6 四个晶体管驱动 16 个 LED，这些 LED 四个一组，并且分为红、蓝双色，每一组又分成独立并联的两组 LED。

24.2.4 音乐晶体管报警电路

音乐晶体管由 Tout 控制线来供电。当触摸开关有效时，Tout 引线变为高电平，由于电路供电电压为 6 V，而音乐晶体管的工作电压为 1.2~3 V，因此使用 R3 和 VD2 及 C7 构成简单的稳压电源为音乐晶体管供电，而其输出则接入晶体管 VT2 的基极，驱动扬声器 LS1 发声。

24.3 关联知识

24.3.1 面板的设计图分析

图 24-6 是电子声光报警器机壳的面板设计图。

1）面板上共有 16 个 ϕ5 mm 的孔和 4 个 ϕ3.2 mm 的孔，其中 5 mm 的孔用于透过发光二极管，而 3.2 mm 的孔用于安装螺钉。

2）ϕ58.5 是所有圆的圆心所在的一个假想圆，这是一个定位尺寸。配合 52°、34°、9°和 24°这 4 个尺寸可以分别确定 4 个圆的位置（如图中①、②、③、④所示）。

3）利用图形的对称关系，可以得到其他圆的位置。

4）剩余的 9°和 24°两个尺寸不标注也可以，标注以后，读图时更容易看清楚图形的对称关系。

24.3.2 触摸开关的工作原理

触摸开关按开关原理分为电阻式触摸开关和电容式触摸开关，电容式触摸感应技术已经成为触摸感应技术的主流。电容式触摸感应开关可以穿透绝缘材料外壳 20 mm（玻璃、塑料等）以上，准确无误地侦测到手指的有效触摸，保证了产品的灵敏度、稳定性、可靠性等不会因环境条件的改变或长期使用而发生变化，并具有防水和强抗干扰能力。

电容式触摸电路的工作原理如图 24-7 所示。任何两个导电的物体之间都存在着感应电容，一个按键即一个焊盘与大地也可构成一个感应电容，在周围环境不变的情况下，该感应电

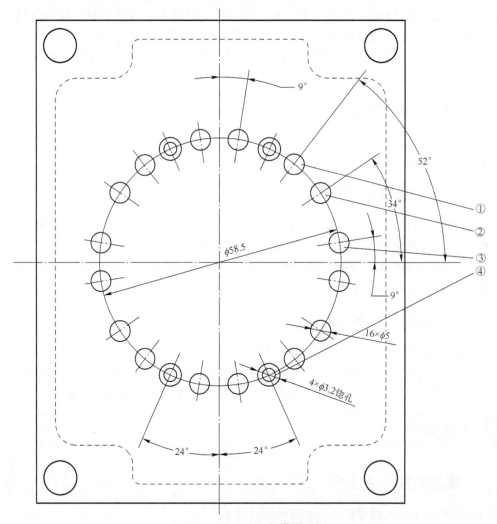

图 24-6 电子声光报警器面板

容值是固定不变的微小值。当有人体手指靠近触摸按键时，人体手指与大地构成的感应电容并联焊盘与大地构成的感应电容，会使总感应电容值增大。电容式触摸按键 IC 在检测到某个按键的感应电容值发生改变后，将输出某个按键被按下的确定信号。

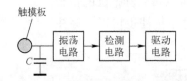

图 24-7 电容式触摸电路的工作原理

[项目实施]

24.4 元器件清单

如表 24-4 所示是电子声光报警器电路的元器件列表。

表 24-4 电子声光报警器元器件

序号	标号	型号	数量	元器件封装的规格
1	C1	10 μF/25 V	1	贴片电解电容
2	C2、C3、C7	0.1 μF	3	0805
3	C4	0.47 μF	1	0805
4	C5	1 μF/25 V	1	贴片电解电容
5	C6	0.01 μF	1	0805
6	D1~D4 D9~D12	红色 LED	8	5 mm 直插式
7	D5~D8 D13~D16	蓝色 LED	8	5 mm 直插式
8	J1、J3	XH2.54	2	2 脚直针连接器
9	R1、R4、R5、R8~R11	10 kΩ	7	0805
10	R2	2 MΩ	1	0805
11	R3	470 Ω	1	0805
12	R6	2.2 kΩ	1	0805
13	R7	100 kΩ	1	0805
14	R12	100 Ω	1	RJ-0.25 W（AXIAL0.4）
15	R13~R20	330 Ω	8	0805
16	RP1	100 kΩ	1	3362 微调电位器
17	U1	TP223	1	SOT-23-6
18	U2	XC110	1	TO-92
19	U3	NE555	1	SOP8
20	U4	CD4022	1	SOP16
21	VT1	8550	1	SOT23-3（2TY）
22	VT2~VT6	8050	5	SOT23-3（J3Y）
23	VD1	IN4148	1	LL-34（贴片）
24	VD2	3.3 V	1	DO-35（直播 0.5 W 稳压管）
25	LS1	16R	1	0.5 W
26		XH2.54 成品连接线	1	2 针，长度 20 cm
27		PCB	1	定制
28		M3×20 沉头螺钉	4	配套螺母、平垫、弹簧垫
29		外壳	1	定制

24.5 印制电路板识读

如图 24-8 所示是电子声光报警器的印制电路板图。

图 24-9 是电子声光报警器的元器件面 3D 视图，图 24-10 是电子声光报警器的焊接面 3D

视图。对照这些视图，识别元器件。

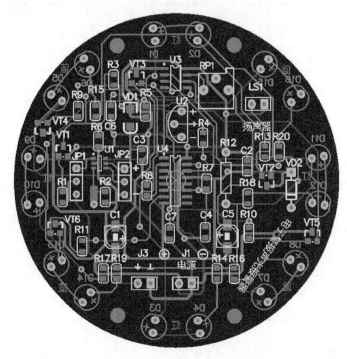

图 24-8　电子声光报警器印制电路板图

图 24-9　电子声光报警器元器件面 3D 视图

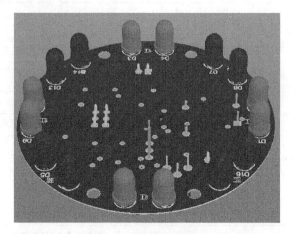

图 24-10　电子声光报警器焊接面 3D 视图

24.6　电路安装

本电路安装的顺序为：贴片电阻、贴片电容、贴片集成电路、贴片电解电容、XH2.54 连接器、发光二极管，其中发光二极管应安装在印制电路板的反面，最终安装好的成品如图 24-11 和图 24-12 所示。

图 24-11 电子声光报警器元器件面

图 24-12 电子声光报警器焊接面

24.7 电路调试

24.7.1 电源连接

本电路由于使用了蓝色发光二极管,且有两个发光二极管的串联,因此其供电电压不能低于 6 V,又由于 TP223 的供电电压是由 VCC 后接一个二极管降压后提供,因此供电电压也不可过高,就将其确定为 6 V。可以使用 4 节 5 号电池的电池盒(见图 24-13)供电,或者使用稳压电源供电(见图 24-14)。

图 24-13 4 节 5 号电池盒

图 24-14 稳压电源

24.7.2 调试过程

(1)触摸功能调试

接通电源,万用表置于 20 V 电压档,测量 U1 的 1 脚输出电压。当用手触碰触摸板,该引脚电压有变化时,说明触摸功能有效。

(2)VT1 电子开关功能

使用万用表测 VT1 集电极电压,当用手触碰触摸板时,若集电极电压在 6 V 和 0 V 之间变化,说明电子开关工作正常。

(3) 受控振荡电路

使用万用表测 U3 的 3 脚,当 VT1 的集电极电压为 6 V 时,U3 的 3 脚应有脉冲信号输出,表现是万用表的测量数据在不断跳动。

(4) 统调

通过之后,观察 LED 的变化,随着触摸,LED 闪烁或者不闪烁,为了获得更好的显示效果,可以在电路板上放置一个半透明的一次性塑料水杯。调节电位器 RP1,可以观察到闪烁的速度发生变化。在某一个点上,4 组 LED 的闪烁情景非常类似于使用机械设备旋转的报警器。如图 24-15 所示是电子声光报警器通电后的实物图。

图 24-15　电子声光报警器实物图

[项目拓展] 探究触发方式

本电路采用了触摸控制,并且提供了接口设计,即图 24-5 中的 J3。请思考,如果需要其他控制方式,如声控、光控、磁控等方式,应该如何设计接口电路?

[项目评价]

项　目	配　分	评分标准	扣　分	得　分
焊接工艺	20	① 虚焊、漏焊、碰焊、焊盘脱落,每处扣 2 分,最多扣 6 分; ② 焊点表面粗糙、不光滑,有拉尖、毛刺、堆焊、焊点布局不均匀、夹渣,每处扣 1 分,最多扣 6 分; ③ 同类焊点大小明显不均匀,总体扣 3 分; ④ 表面不清洁,有大块焊剂或焊料残留,总体扣 3 分; ⑤ 焊接后的元器件引脚剪切不合理(过短、过长或长短不一),总体扣 2 分		
安装工艺	15	① 元器件标志方向、插装高度不符合工艺要求,每件扣 1 分,最多扣 5 分; ② 元器件引脚成形不符合工艺要求,每件扣 1 分,最多扣 5 分; ③ 元器件插装位置不符合要求,每件扣 2 分; ④ 损坏元器件,每件扣 2 分; ⑤ 整体排列不整齐,总体扣 2 分		

(续)

项 目	配 分	评 分 标 准	扣 分	得 分
整机安装工艺	25	① 发光二极管与外壳面板底边距离不等,每个扣2分,最多扣15分; ② PCB 安装后不平整,酌情扣 1~5 分; ③ 电路板安装不紧固,有晃动,扣5分		
功能调试	30	① 所有二极发光管无法点亮,扣10分; ② 无法实现触控功能,扣10分; ③ 无法实现速度调节,扣10分		
安全文明操作	10	① 工作台上工具摆放不整齐,扣1分; ② 未按要求统一着装,仪容仪表不规范,扣1分; ③ 未能严格遵守安全操作规程,造成仪器设备损坏,扣5~8分		
总分	100			

项目 25 LC 测量仪的安装与调试

[项目引入]

电子产品制作中经常要用到电感/电容，贴片电容通常没有标志，如果有多个不同型号的贴片电容混在一起，就很难把它们区分开，这时一台 LC 测量仪可以解决很多问题，图 25-1 是市场上的某一款 LC 测量仪。本项目通过自制 LC 测量仪，学习 LC 测量方法。

二维码 25-1
LC 测量知识介绍

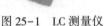

图 25-1 LC 测量仪

[项目学习]

25.1 基础知识

25.1.1 电感/电容量测量的一般原理

电容充电后，所带电量 Q 与两极板之间电压 U 和电容量 C 之间满足 $Q=CU$ 的关系，由公式 $C=Q/U$ 即可求出电容器的电容量。U 可由直流电压表测出，Q 可由电容器放电测量，测量方法是使用电容器通过高电阻放电，之后放电电流随电容器两极板间的电压下降而减小，测出不同时刻的放电电流值，直至 $I=0$，绘制放电电流 I 随时间变化的曲线，曲线下的面积即等于电容器所带电量。

（1）利用放电时间比率测电容

将被测电容与电阻相连，并通过一个选择开关分别接 VCC 和 GND，就构成了如图 25-2 所示的电容充放电回路。如图 25-3 所示是电容充放电的曲线，电容充电时其两端电压的变化如下列公式所示。

$$V_t = V_0 + (V_u - V_0) \times \left[1 - e^{\left(-\frac{t}{RC}\right)}\right]$$

式中，V_0 为电容上的初始电压值；V_u 为电容充满电后的电压值；V_t 为任意时刻 t 时电容上的电压值。

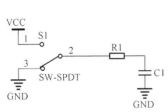
图 25-2　电容充放电回路

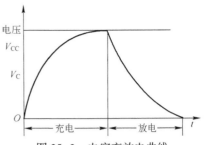
图 25-3　电容充放电曲线

此式中，V_u 可以简单地认为等于充电电源的电压值，V_0 是用比较器设定的一个电压值，V_t 也是比较器设定的一个电压值，R 是充电回路的电阻，这些都是已知数；t 可以利用单片机测量得到。该式中只有 C 是变量，因此，只要测出时间 t，即可算出电容值 C。

实际工作中为避免电压变化、阻值不准确、分布参数等影响，通常使用一个标准电容接入电路，测量出时间 t，然后再接入等测电容 C，同样测得时间 t，这样通过测量两个电容放电时间的比率，即可求出被测电容的电容值，测量范围从 pF 到几十 nF。使用该方法可以排除寄生电容对测量值的影响，而且温度稳定性也很好。

(2) LC 振荡器频率测量法

采用 LC 组成三点式振荡器，而将电子元器件的参数 C、L 转换成频率信号 f。这样，选用单片机测量该振荡器的频率或周期，然后再根据公式

$$f = \frac{1}{2\pi\sqrt{LC}}$$

计算 L 或 C 值。

25.1.2　LCD1602 字符型液晶显示屏

液晶显示器由于体积小、重量轻、功耗低等优点，日渐成为各种便携式电子产品的理想显示器。从液晶显示器显示内容来分，可分为段式、字符式和点阵式三种。字符型液晶显示器专门用于显示数字、字母、图形符号并可显示少量自定义符号。这类显示器把 LCD 控制器、点阵驱动器、字符存储器等做在一块板上，再与液晶屏一起组成一个显示模块，因此，这类显示器安装与使用都较简单，成为 LED 显示器的理想替代品。图 25-4 是某 1602 型字符液晶的外形图。

图 25-4　1602 型液晶显示器

这类液晶显示器的型号通常为×××1602、×××1604、×××2002、×××2004 等，其中×××为商标名称；16 代表每行可显示 16 个字符，02 表示共有 2 行，即这种显示器可同时显示 32 个字符；20 表示每行可显示 20 个字符，02 表示共可显示 2 行，即这种液晶显示器可同时显示 40 个字符；其余型号以此类推。

25.2　原理分析

LC 测量仪的完整电路图如图 25-5 所示。

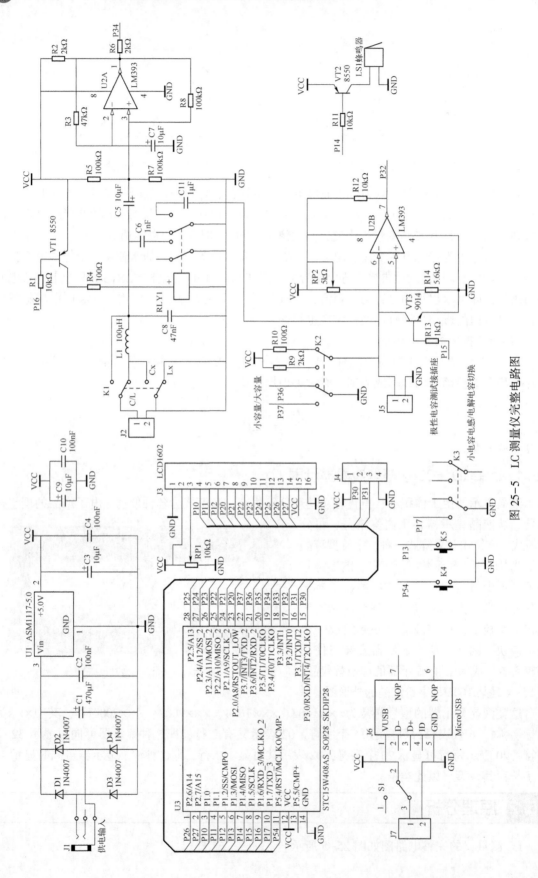

图 25-5 LC 测量仪完整电路图

25.2.1 LC 振荡电路

本机的测量原理就是基于测量振荡频率的方法，为了能够同时测量电容和电感，采用了 LC 三点式振荡器，核心电路是一个由 LM393 组成的 LC 振荡器。由单片机测量 LC 振荡回路的频率，然后再依据振荡频率计算出对应的电容或电感。

当开关 K1 拨至 C_x 位置时为电容测量档位，此时电感 L1 通过拨动开关接地，电容 C8 与电感 L1 并联，配合 LM393 构成振荡电路，可测得频率值 f_1。待测电容接入 J2 后与 C8 并联，因总电容变大，频率降低，测得频率值为 f_2。可由公式：

$$C_x = \left(\frac{f_1^2}{f_2^2} - 1\right) \times C_1$$

计算得到待测电容值。

同样，当拨动开关 K1 拨至 L_x 位置时为电感测量档位，待测电感与 L1 串联，使得总电感降低，振荡频率升高，若此时的频率值为 f_2，则可由公式：

$$L_x = \left(\frac{f_1^2}{f_2^2} - 1\right) \times L_1$$

计算得到待测电感值。

25.2.2 大容量电容测量电路

当所测电容的容量较大时，LC 振荡电路不易起振，因此采用电容充放电的方式来进行测量。当 RLY1 吸合时，电容 C11 接入电路，此时还可以由开关 K2 再次根据电容的容量进行分级选择，当 K2 拨至大容量时，阻值为 100Ω 的电阻 R10 接入电路，作为充电电阻，当 K2 拨至小容量时，阻值为 2kΩ 的电阻 R9 接入电路，作为充电电阻。

开始测试时，P15 输出高电平，VT3 导通，放干净电容两端电压，随后 P15 输出低电平，放电回路关闭，电容开始充电。此时由于 LM393 的 6 脚电压为 0 V，因此其输出 7 脚为高电平，当电容两端电压达到由 RP2 及 R14 预设的电压值时，LM393 输出低电平，该电平变化被送至单片机的 P3.2 引脚，引发单片机中断，记录内部定时时间，该时间用于计算电容容量。

25.2.3 单片机电路

本仪器使用 STC15W408AS 型单片机中的 28 脚 SOP 封装型号，该型号单片机没有晶振电路，仅有内置高精度 RC 振荡电路，该电路常温下温度漂移仅为 ±0.6%（−20~65℃），因此这里选用了该型单片机，可以达到设计要求。

25.3 关联知识

25.3.1 机壳选用

自制电子设备需要外壳时可以通过淘宝、企业产品型录等方式寻找适用型号，如图 25-6 所示是两个企业的产品型号展示页。

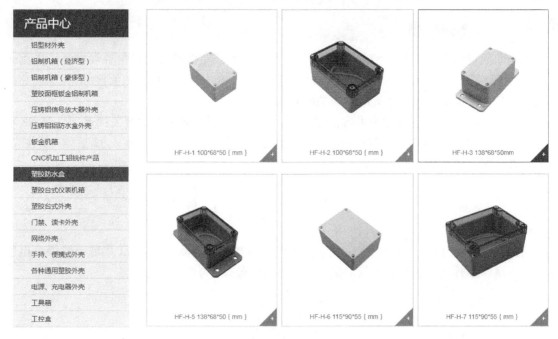

图 25-6 企业产品型号展示页

如图 25-7 所示是在产品型号展示页上找到的一款机壳。

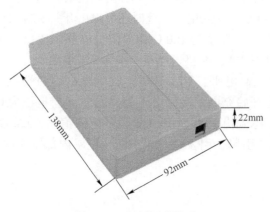

图 25-7 塑料机壳外形

25.3.2 面板设计

如图 25-8 所示是 LC 测量仪的面板设计图。由于面板开孔集中于仪表的上半部，为节省空间，图中使用波浪线断开了面板图。图中"71 mm×24 mm"的开孔用于透出液晶显示器；其下方的 5 个 6 mm 孔用于透出 5 个按钮的柄部分；图中有 8 个 3 mm 的孔开在该仪表壳的底部而不是面板上。

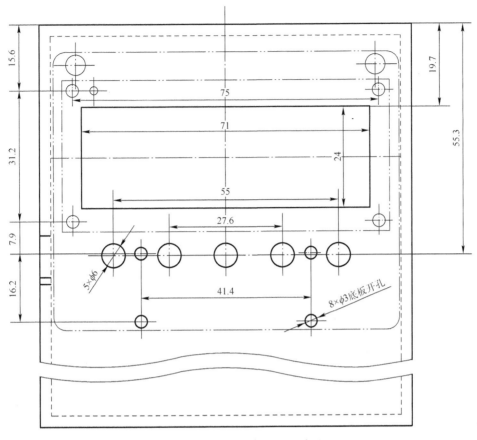

图 25-8 LC 测量仪面板设计图

[项目实施]

25.4 元器件清单

如表 25-1 所示是 LC 测量仪的元器件列表。

表 25-1 LC 测量仪元器件

序号	标号	描述/产品名称	数量	元器件封装的规格
1	R1，R11，R12	10 kΩ	3	0805
2	R2，R6，R9	2 kΩ	3	0805
3	R3	47 kΩ	1	0805
4	R4	100 Ω	1	1206
5	R5，R7，R8	100 kΩ	3	0805
6	R10	100 Ω	1	0805
7	R13	1 kΩ	1	0805

（续）

序号	标号	描述/产品名称	数量	元器件封装的规格
8	R14	5.6 kΩ	1	0805
9	D1~D4	1N4007	4	DO-214AC（贴片）
10	RP1	10 kΩ	1	3362微调电位器
11	RP2	5 kΩ	1	3362微调电位器
12	C1	470 μF/16 V	1	贴片电解电容
13	C2, C4, C10	0.1 μF	3	0805
14	C3, C5, C7, C9	10 μF/16 V	3	贴片电解电容
15	C6	1 nF	1	RAD0.2
16	C8	0.047 μF	1	RAD0.2
17	C11	1 μF	1	RAD0.2
18	J1	DC-005	1	5.5 mm×2.1 mm DC插座
19	J2, J5, J7	X2.54	3	2脚直针连接器
20	J3	16单排孔	1	
21	J4	4单排针	1	单排针截取
22	J6	Mini USB	1	贴片
23	U1	AMS1117-5.0	1	贴片
24	U2	LM393	1	SOP8
25	U3	STC15W408AS	1	SOP28
26	VT1, VT2	8550	2	SOT23（2TY）
27	LS1	无源蜂鸣器	1	直径12 mm无源蜂鸣器
28	K1, K2, K3	2刀3位按钮	3	8 mm×8 mm带锁按钮
29	K4, K5	轻触按钮	1	6 mm×6 mm，柄高9 mm
30	RLY1	TQ2-5V	1	继电器
31	L1	100 μH	1	色环电感（AXIAL0.4）
32	VT3	9014	1	SOT-23（J6）
33		PCB	1	定制

25.5 印制电路板识读

如图 25-9 所示是 LC 测量仪的印制电路板图。

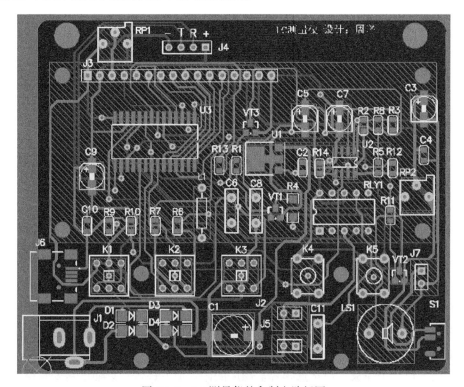

图 25-9　LC 测量仪的印制电路板图

如图 25-10 所示是印制电路板的 3D 视图及实物图，参考这两个图及表 25-1，清点元器件。

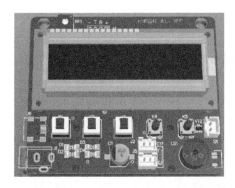 

图 25-10　LC 测量仪的 3D 视图及实物图

25.6 电路安装

本电路的安装顺序是：贴片电阻→贴片电容→贴片晶体管→贴片集成电路→贴片二极管→

贴片 Mini USB→贴片开关（S1）→贴片电解电容→直插式电感→直插式电容→继电器→电位器→按钮→蜂鸣器。这些安装完毕，再配合仪表的外壳来安装液晶显示器。

图 25-11 是 LC 测量仪外壳，而图 25-12 是将电路板置于外壳中的情形。此时，测量仪外壳的底板上已钻有 4 个固定孔，并且用 4 个螺钉从背面插入并固定，可以轻松穿过电路板上的 4 个孔。

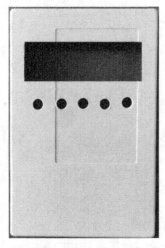

图 25-11　LC 测量仪外壳

图 25-12　LC 测量仪安装

合上面板，根据面板高度调整 LCD 插入印制电路板的高度，然后焊接。需要说明的是，本制作并不是一个商品化的组件，因此有这样一个手工调节的过程，如果是商品化的制作，这些都应该在工艺设计中完成，包括选择合适高度的固定尼龙柱等，以使电路安装质量尽量与操作者的个体能力及情况解耦，只要标准化操作就能达到质量控制要求。

25.7　电路调试

使用外接电源接入 9 V 电源，这个电源值可以在 9～18 V 之间变化，并且不需要考虑极性问题，因此也可以利用手边其他设备上的电源。

通电以后，如果液晶显示器不显示字符，应调节电位器 RP1，使液晶显示器显示出字符即可。保持所有的按钮为松开的状态，即自锁按钮均处于凸起位，此时仪器应工作于小容量电容测量的状态，仪器面板上第一行显示"Measure C"，第二行有一定的数值且不断变化，这是系统的离散电容，按下 Zero 按钮并稍等，系统将自动测试离散电容的值并记录下来，作为后面测试的基准。此时面板上第二行应显示 0.00 pF，接入一个小容量电容，即可测出该电容的容量。

按下 Hi C 按钮并且自锁，此时面板第一行显示"Measure Hi C"，第二行显示 0.00 μF，接入一个大容量电容，即可显示电容的值。

按下 L/C 按钮并且自锁，进入电感测量模式，面板显示"Measure L"，第二行显示 OVER RANG，接入小容量电感，即可显示出电感值。

按下 Hi.L 按钮并且自锁，进入大容量电感测量模式，面板显示"Measure Hi L"，第二行显示 OVER RANG，接入大容量电感，即可显示当前电感值。

[项目拓展] 探究起振条件

本项目中提到,当被测电容较大时,由 LM393 构成的 LC 振荡电路不易起振,所以需要用电容充放电的方式来检测大容量电路。但是并没有明确指出电容究竟多大时电路不能起振。请搭建电路研究这个问题,并且给出答案。

[项目评价]

项 目	配 分	评 分 标 准	扣 分	得 分
焊接工艺	20	① 虚焊、漏焊、碰焊、焊盘脱落,每处扣 2 分,最多扣 10 分; ② 焊点表面粗糙、不光滑,有拉尖、毛刺、堆焊、焊点布局不均匀、夹渣,每处扣 1 分; ③ 同类焊点大小明显不均匀,总体扣 3 分; ④ 表面不清洁,有大块焊剂或焊料残留,总体扣 3 分; ⑤ 焊接后的元器件引脚剪切不合理(过短、过长或长短不一),总体扣 2 分		
安装工艺	15	① 元器件标志方向、插装高度不符合工艺要求,每件扣 1 分; ② 元器件引脚成形不符合工艺要求,每件扣 1 分; ③ 元器件插装位置不符合要求,每件扣 2 分; ④ 损坏元器件,每件扣 2 分; ⑤ 整体排列不整齐,总体扣 2 分		
整机安装工艺	25	① LCD 模块过高,凸出面板,扣 10 分; ② 左侧电源插孔与机壳不匹配,扣 10 分; ③ 按键高度不一致,扣 5 分		
功能调试	30	① 通电后 LCD 无显示,扣 10 分; ② 接入电容无响应,扣 10 分; ③ 接入电感无响应,扣 10 分		
安全文明操作	10	① 工作台上工具摆放不整齐,扣 1 分; ② 未按要求统一着装,仪容仪表不规范,扣 1 分; ③ 未能严格遵守安全操作规程,造成仪器设备损坏,扣 5~8 分		
总分	100			

参 考 文 献

[1] 牛百齐,万云,常淑英. 电子产品装配与调试项目教程 [M]. 北京:机械工业出版社,2016.
[2] 卓陈祥,居吉乔. 电子产品设计与开发 [M]. 北京:机械工业出版社,2018.
[3] 黄中武,杨静. 电子产品装配 [M]. 北京:航空工业出版社,2015.
[4] 周坚. 单片机项目教程:C 语言版 [M]. 北京:北京航空航天大学出版社,2019.
[5] 尹玉军,金明. 电子产品装配与调试 [M]. 2 版. 南京:东南大学出版社,2015.
[6] 白秉旭. 电子整机装配实习 [M]. 北京:人民邮电出版社,2008.